书山有路勤为径，优质资源伴你行
注册世纪波学院会员，享精品图书增值服务

Dare to Change
Achieve More in Your Career with EQ Course

积极改变
成就职场达人的情商课

刘琳 著

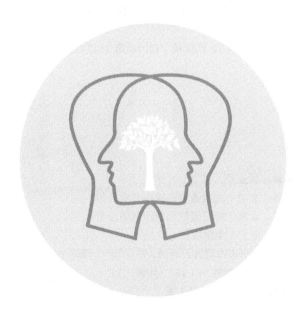

电子工业出版社·
Publishing House of Electronics Industry
北京·BEIJING

图书在版编目（CIP）数据

积极改变：成就职场达人的情商课 / 刘琳著. —北京：电子工业出版社，2019.7
ISBN 978-7-121-35493-9

Ⅰ. ①积… Ⅱ. ①刘… Ⅲ. ①成功心理－通俗读物 Ⅳ. ①B848.4-49

中国版本图书馆 CIP 数据核字(2018)第 251343 号

责任编辑：吴亚芬
印　　刷：北京七彩京通数码快印有限公司
装　　订：北京七彩京通数码快印有限公司
出版发行：电子工业出版社
　　　　　北京市海淀区万寿路 173 信箱　　邮编 100036
开　　本：720×1000　1/16　印张：15　　字数：245 千字
版　　次：2019 年 7 月第 1 版
印　　次：2024 年 9 月第 11 次印刷
定　　价：59.00 元

凡所购买电子工业出版社图书有缺损问题，请向购买书店调换。若书店售缺，请与本社发行部联系，联系及邮购电话：(010) 88254888，88258888。
质量投诉请发邮件至 zlts@phei.com.cn，盗版侵权举报请发邮件至 dbqq@phei.com.cn。
本书咨询联系方式：(010) 88254199，sjb@phei.com.cn。

推荐序

生活不易，职场艰辛，你是否也曾感到举步维艰？

凌晨时分的北京见证了繁华都市夜景深处"加班族"的辛酸故事：初入职场的实习生深夜赶稿，却因笔记本电脑突然出现故障而丢失了已经做好的 80 页 PPT；值夜班的护士长得知年仅 3 岁的孩子突然发高烧，而她必须马上进入手术室做准备工作；广告公司客户经理为了服务好客户，不得不冷落远道而来只待 3 天的男朋友……以上种种无奈，却是每位职场人都可能碰到的情境。如果是你，会如何处理这些情况？

是在笔记本电脑出现故障时崩溃大哭、就此放弃，还是擦干眼泪、从头再来？

是在手术室门前徘徊犹豫、心神不宁，还是暂时收敛不安、将孩子交给家人照料？

是夹在工作与情感之间进退两难，还是停止抱怨、设法找到平衡？

生活不易，职场艰辛，我们才更需要铠甲与武器，而情商无疑是关键装备之一。

有些人天性开朗，很容易就能处理好与周围人的关系；有些人天生敏感，经常会因为别人不经意的言语或举动而对自己产生怀疑，前者一定比后者好吗？其实，个性没有好坏之分，但在某些条件下，一些个性特征会帮助个体更好地适应环境、发挥自己的所长。

那么，不具备这些特定的个性特征，就一定不能有所发展吗？当然不是，后天的学习、实践和领悟，一样可以帮助我们适应环境，成为专业而高效的职场人。

我毕业多年的弟子刘琳，把长期积累下来的丰富的工作经历和管理经验，从心理学角度进行阐释，凝炼成了这本书。在书中，她尝试提供的，正是在尊重个体特征的基础上，帮助职场人提升适应能力与抗压能力的系统性、体验式的情商培养方法。这本书具有以下三大编写特色。

↗ 基于专业的心理学知识

作者除拥有心理学背景外，更是结合近 10 年的管理经验，从学术界对情商的主流研究模式开始，先后引入并诠释了情绪 ABC 理论、情绪劳动理论、自我控制的有限资源模型、习得性无助、心流、同理心、自我披露等心理学专业术语等。可以说，这本书是由扎实深厚的心理学知识和管理应用实践共同构成的。

↗ 使用深入浅出的语言风格

这本书除了突出的专业性，更难能可贵的是作者对专业知识和现实解释的比例把握，未曾让专业术语连篇累牍，而是通过讲述一个个生动有趣的职场故事，还别出心裁地设计了 A 版和 B 版的故事走向，帮助我们在故事中看、学和悟。

↗ 提供可操作和易练习的修炼方案

授人以鱼不如授人以渔，这本书在介绍完每个技能点之后，为读者设计了许多简单易行的练习，例如，如何觉察自我情绪、如何寻找消极情绪的建设性意义、如何撰写提升幸福感的"三件好事"、如何表达愤怒、如何找到自己的小目标、如何自律、如何有效地说服别人、如何拒绝他人等。如果你曾因练习不得法而放弃，不妨尝试一下本书提供的这些修炼方案。

　　生活不易，负重前行；职场艰辛，精进不休。愿每位职场人都能在情商培养中，收获每份努力之后应有的回报；也希望大家通过修炼情商，成为更好的自己。

崔丽娟

华东师范大学心理与认知科学学院应用心理学系教授、博士生导师，

中国心理学会社会心理学分会会长，上海市社会心理学会会长

2018 年 6 月于丽娃河畔

前 言

　　你接到一项领导交代的任务，任务有点难，你自认为已经尽了最大的努力去做了，但最终还是没能达到领导的预期。当领导告诉你，你的工作未能达标时，你会怎么办？

　　在我十几年的职场生涯里，我带过很多不同的下属，面对刚刚讲到的这个场景，他们会有完全不同的反应，大致可以概括为以下5类。

　　A：无所谓。

　　"我已经尽力了，没有做好也不是我不努力，就这样吧，尽人事知天命。"

　　B：气愤和不服。

　　"我已经很努力了，没有做好并不是我的责任，领导凭什么要责怪我！他自己做了什么努力吗？"

　　C：忐忑不安。

　　"领导会不会对我有什么看法，我今年的职级晋升会不会受影响……"

　　D：自怨自艾。

　　"我怎么这么差劲，一直达不到领导的要求。"

　　E：遗憾，但会积极寻找改进点。

　　"这次没做好，的确是挺让人沮丧的。但事情已经过去了，相信领导也知道我已经尽力了。我还是赶快复盘一下，看看哪儿还能再改进。"

以上 5 种类型的小伙伴，哪一种能够在职场中走得更高、更远呢？无疑是第 5 种，那么，和其他 4 种小伙伴的反应相比，这一类小伙伴到底强在哪儿？答案是情商更高。

相比前面 4 种小伙伴的反应，最后一类小伙伴，在情绪管理、自我激励、理解他人情绪方面都会做得更好，所以，他可以在一个小挫折面前保持乐观，可以驱动自己快速复盘以求下次做得更好，也可以理解在领导心中，一件事的成果好坏并不会对他的整体印象分值产生决定性的影响。而情绪管理、自我激励、理解他人情绪等这些特质都是情商的重要构成部分。

所以，你就不难理解，为什么"情商"这个词，无论是在学术界，还是在工作中，或者在日常聊天中，都越来越多地被关注和提及。特别是对于职场人士而言，当其他专业能力和经验没有太大差异的情况下，情商则会成为影响绩效表现的一个重要因素。

那么，情商是可以培养的吗？

当然。这世上，固然有天生的情商高手，但大多数普通人都是在摸爬滚打中不断地体悟、反思，不断地提升自己的情商的。而通过刻意练习、积极改变与尝试，则更能够加快个人情商的提升。

正是因为感知到了职场中情商的重要性，最近几年我一直分外关注情商培养这个领域，我系统性地阅读了相关的书籍，并获得了 EQ-i 2.0（Emotional Quotient Inventory 2.0，情商量表 2.0）测评师的专业认证。得益于从本科到研究生阶段心理学的科班背景，我有一些社会心理学的知识积累，结合近 10 年管理实践中积累的一些经验，我逐步建立了在职场情商这个领域的知识体系。同时，我的本职工作是企业内部的培训管理者，工作中会进行领导力、通用能力类的课程开发和讲授。在对职场情商的研究基础上，我也在工作中开发了几门与情商培养相关的面授课程，授课过程中得到了良好的反馈。

基于这些实践，我产生了要写这样一本书的想法。

对于本书，我希望聚焦于职场的情境，写给处在基层岗位上的职场人及即将成为职场人的大学生们看。对于他们而言，想要选择一本系统地提升个人情商的书有一定的困难，因为合适的书籍并不多见。目前，市场上关于情商这个话题的书大致分为两类，一类偏重于学术理论，可以帮助人们非常系统地建立对情商的理论认知，但读起来相对费时费力，也较难在生活和工作中直接应用；另一类则属于心灵鸡汤流派，读起来通俗易懂、温情暖心，但读者并不能获得关于"如何做"的具体建议。

在韩寒的电影《后会无期》的宣传海报上印着这样一行大字："听过很多道理，依然过不好这一生。"这句话戳中了很多人的心。

所以，在构思本书时，我就给自己定了这样的目标：本书不仅讲授道理，还传递方法；不仅让读者获得知识，还教会读者如何在行为上有积极的改变。

在本书中，我是知识的搬运工。我希望能够凭借自己在心理学方面的专业背景，以及在企业管理培训领域多年积累的经验，把和提升情商相关的工具与方法从不同的经典书籍及课程中提炼出来，在本书中得以系统性地呈现。

在本书中，我也是理论的诠释者和加工者。在搬运知识的同时，我力图用更通俗、更符合职场新人应用情境的语言和案例对这些工具理论进行解读，让年轻的读者们愿意读，也读得进去。

在本书中，我还是一个业余编剧。我会把这些年做管理、带团队时看到的、听到的一些和情商相关的职场故事呈现出来，让你带着故事去阅读理论，带着体验去理解工具和方法，从而能在工作中顺利地应用。

在构思本书的整体框架时，为了更加严谨，我也研读了相关的学术资料。从理论研究的角度而言，情商其实是指**"情绪智力商数"**（**Emotional Intelligence Quotient**），目前，学术界对情绪智力的研究主要有两种代表性的模式。

第一种模式，以萨洛维和梅耶为代表，他们提出的情商模型可以称为能力模型。对情商能力模型的研究秉承了心理学领域智商研究范式的研究方法。萨洛维和梅耶也是第一个在学术论文中提出"情绪智力"概念的研究者（1990 年）。

第二种模式，以鲁文·巴昂和人们最为熟知的丹尼尔·戈尔曼为代表，他们提出的情商模型可以称为混合模型。混合模型以预测成功为目标，试图在传统智力因素之外找到能够预测成功的各种心理因素，并整合在情商模型中。鲁文·巴昂在 1996 年提出了由 5 个维度 15 个因素组成的 EQ-i 模型，此模型被 MHS（Multi-Health Systems）公司引入了商业领域，他们所推出的情商测评和相关的课程已经被很多知名企业采购和应用。丹尼尔·戈尔曼则在 1995 年出版了 *Emotional Intelligence*（中文版名为《情商：为什么情商比智商更重要》）一书，将此概念从学术界推广给大众。后来戈尔曼又陆续出版了系列畅销书籍，并在 2001 年提出了关于情商的理论模型。虽然他并不是最早提出情商概念的研究者，但他在大众中产生了极大的影响力，所以人们把他称为"情商之父"。戈尔曼在《情商：为什么情商比智商更重要》一书中沿用了萨洛维和梅耶最早对情商的概念界定，即情商主要包括 5 个方面的能力，分别是了解自身情绪、管理自身情绪、自我激励、认识他人的情绪和处理人际关系。

本书并不是一本学术书籍，而是从实用的角度出发进行构思，所以，全书的理论框架沿用了丹尼尔·戈尔曼在《情商：为什么情商比智商更重要》一书中的定义，这也是目前传播较广、在大众中影响力较大的定义。

最后，再谈一点对于"为什么要提升情商"的个人感受。

在职场中，情商可以帮助人们更好地获得同事认可、发挥专业价值、提升绩效表现，职场需要它的助力。

如果回归到生活之中，情商的提升，不仅能帮助人们获得成功，最重要的是，它能够帮助人们拥有更强大和丰富的内心，让人们变得更平和、更坦荡、更专注、更从容，可以拥抱更具幸福感的人生。我想，这才是人们提升情商更重要的意义。

关于这个目标，我也还在努力。所以，不妨让我们一起，从本书开始，去寻找那个更好的自己。

关于本书的阅读建议

↗ 这是一本什么样的书

这是一本关于"职场情商"的书，它聚焦于职场的工作情境，介绍在职场中如何认知、管理和表达情绪，如何自我激励，如何识别他人的情绪，如何打造良好的人际关系，如何更好地适应职场。

本书第1~第5部分的章节大多都以故事开始，以故事和练习结束，让你看到的不仅是关于情商的理论，更能感知到这些理论与方法如何在工作的现实情境中落地和应用。

↗ 这是一本适合什么人看的书

情商无论是对你处理和父母、家人的关系，还是追求自己的心仪对象，或者和上级建立信任，或者和生意中的合作伙伴推进关系来说，其实都非常重要。也就是说，提升情商，不论对什么年龄、什么身份的人，也不论是对生活还是对工作来说，都是一件有价值的事。

在构思本书时，我期望它能够在情商这个大话题之下更聚焦一些，更实用一些。于是，我写的故事，都是以职场基层员工为主角，以办公室为

背景场所的。

所以，这是一本适合职场基层员工（还没有走上管理岗位的职场人）或准职场人看的书。你看到的所有故事，也许都在你身边的办公室里上演过，如果你能在其中找到自己的影子，我会感到特别欣慰。从初入职场到日渐成熟的过程中，人们或多或少都会有些迷茫，希望本书会对你有帮助。

假如你已经走上了管理岗位，本书中的理论和工具依然对你会有一定的帮助，但故事会缺乏一些代入感。我会在未来写一本更适合管理者们阅读的情商书籍。

同时，如果你是一位企业内部的培训师，在讲授情绪管理、职场沟通等和情商相关的课程时，相信本书中的故事、工具和练习会对你有一定的借鉴意义。

↗ 这本书应该怎么读

如果你愿意，你完全可以花一个周末的时间就把这本书读完。

但是，我强烈不建议你这样来读本书。

我的建议是，一次只读一章。而且，每周阅读不要超过一章。为什么我会这么建议？且听我来为你分析。

根据情商之父丹尼尔·戈尔曼的理论，情商主要包括 5 个方面的特质，我将在"从这里开始：情商初体验"这一部分来详细讲述 5 个特质的内涵。而本书的后面 5 个部分将围绕这 5 个特质展开。

第 1 部分，重点讨论职场中对自己情绪的觉察与管理。

第 2 部分，讨论如何合理地表达自己的情绪。第 1 部分和第 2 部分可以帮助你成为一个心态平和、行动积极的职场人。

第 3 部分，讨论如何有效地自我激励，帮助你对抗自己的懒惰或拖延。

第 4 部分，学习如何培养自己的同理心，更好地识别他人的情绪和需求，从而提升在职场中的沟通效率与效果。这部分特别分析了你应该如何与上级，以及跨部门的同事沟通，能够帮助你解决日常沟通中的一些常见困惑。

第 5 部分，探讨职场沟通中的一些原则和技巧，帮助你分析自己的特性和优势，用更自在和自如的方式征战职场社交。

在每部分中，我都会安排 2~5 个不同的章节，每个章节有针对性地解决一个问题，这些章节之间有一定的关联性，但又彼此独立。每章节都由故事、理论、实操工具构成，章节的最后还会匹配相应的练习。为了让你更形象地感知高情商和低情商职场人士在具体工作情境中的行为差异，我的故事通常会写成 A 和 B 两个版本，你可以在不同的版本中寻找自己的影子，找到自己改进的方向。

所以，我诚挚地建议你按以下方法读本书。

读完"从这里开始：情商初体验"，花点时间思考一下，目前自己最希望优先提升和改善的是哪方面的特质？然后，通过目录快速定位，找到相应的章节优先阅读。

读每一章节时，花 20 分钟左右的时间读完故事加讲解部分，花 15 分钟的时间来完成练习，这并不是一个单向吸收的过程，而是一个代入自己的实际经验反思并增进理解的过程。读完一章节之后的一周内，在工作场合有意识地尝试应用讲解部分提到的工具。如果你能够时常翻开练习部分，经常代入不同的案例，反复去做，那就更棒了！

至少两天之后，再去读下一个章节。

这个过程并不容易。相比而言，去读一本小说，或者一本心灵鸡汤类的书，在短时间内带来的放松和愉悦都会远远多过本书。但我更希望，你带着改变和提升自己的内在动力，付出一定的时间与精力阅读和练习，然后获得长远的收益。

这就是本书叫作"情商课"的原因。在我的设想中，每一章节都能够成为一个学习的过程，让你学到新的知识和理论，也能够引发你的反思，让你获得新的工具，更能用这些工具真正地改善自己的情绪处理模式、思维角度和行为方式。

如果要给本书概括一个特点，我会说，这是一碗带勺的鸡汤。

所谓鸡汤，是因为我希望它有温暖的治愈作用。但是，人们对于常常看到的各类鸡汤段子，会有这样的感觉："你说的都对，可是，我就是做不到。"

所以，我希望我给了你喝汤的"勺子"，也就是本书中的工具和方法。请你握紧它、使用它，并真正为自己带来改变。

改变很难，但是值得。

积极改变，是送给未来的自己最有诚意的礼物。

目　录

从这里开始

情商初体验

情商到底是什么？会说话？有眼力见儿？喜怒不形于色？人见人爱？

这些在大众认知中的"高情商"标志并没有完整而准确地描述情商的定义。从 20 世纪 90 年代情商的概念第一次被正式提出以来，心理学家们给"情商"下过几种不同的定义，也提出了不同的理论模型。以下从实用的角度出发，根据情商之父丹尼尔·戈尔曼的理论，从 5 个方面的能力特质来为你解释情商这个概念。

【明晰概念】
情商到底是什么

叶子今年大四，刚刚加入一家公司的市场部做实习生。上班第二天，市场部总监和广告公司的客户经理就下一阶段的校园市场活动开会讨论，安排叶子在现场协助做会议纪要。总监带了杯咖啡进会议室，会开到一半，咖啡喝完了，于是跟叶子说："麻烦你去我的办公室，帮我把茶杯拿过来。"

叶子瞬间紧张起来，作为一个超级路盲，她此刻最担心的是能不能找到总监的办公室，能不能在偌大的办公室里找到那个杯子，以及能不能顺利找到回来的路。幸运的是，一切都很顺利，叶子准确地找到了总监的办公室，迅速拿了总监的马克杯回到会议室，轻轻地放在总监面前。

整个过程用时不到 3 分钟，叶子觉得，自己的回应迅速，动作干净利落，堪称完美。她轻轻地松了口气，如果不是在会议室，她简直想打个响指。

可是，杯子在总监面前放下的那一刻，叶子总觉得总监看向自己的眼神有点怪怪的。

这到底是为什么？

让我们把镜头拉近到总监的马克杯上看一眼。嗯，杯子是没错，但是里面装的是已经冰冷的茶水。而这个会议室距离饮水机还有 10 米。

只见叶子的直接上级，也就是总监的助理默默拿过杯子，走出会议室，回来的时候，把一杯热茶放在总监面前。总监和她交换了一个眼神，用口形说了句谢谢。

那一瞬间，叶子觉得如坐针毡。

回到宿舍，叶子和同屋的姑娘们倾诉，一直觉得自己也算个聪明伶俐的姑娘，今天才知道自己情商堪忧。

叶子的小失误是不是情商的问题？

当然是。

那到底出了什么问题？

是她还没有学会"站在对方的角度思考问题，从而感知对方的需求"。

作为一个刚刚加入公司的小实习生，她是谨小慎微的，她希望自己完美而迅速地执行上级的每一道指令，她脑袋里的弦一直绷得紧紧的。

于是，当她听到总监让她去拿杯子的指令时，她全身心地想怎么尽快完成这个任务，怎么快速找到总监的办公室，找到那个杯子。她并没有好好想想，总监到底要这个杯子干吗。如果她能站在对方的角度思考问题，而不仅是站在下属的角度想着尽快按指令完成任务，那即使用膝盖思考，她也会明白总监要杯子是想喝水，而不是只想要一个装着冰冷茶水的杯子。

能站在对方的角度考虑问题，就是情商的重要特质之一，假如用一个词来概括这种特质，那就是"同理心"。你会渐渐感知到，这种能力对你的职场生涯到底有多重要。

除了这一点，情商还包括哪些特质，或者哪些要素？

心理学家们给"情商（情绪智力）"下过几种不同的定义，也提出了不同的理论模型，这些定义之间的共同点就是，"情商（情绪智力）"是一组与情绪及情绪信息有关的能力[1]，其中包含了理解、觉察、调节、表达情绪，以及对情绪进行推理等能力，而这些情绪既包括自己的，也包括他人的。

根据情商之父丹尼尔·戈尔曼在《情商：为什么情商比智商更重要》一书中的介绍，可以从 5 个方面的能力特质来进一步理解情商这个概念。

---

[1] 傅小兰. 情绪心理学[M]. 上海：华东师范大学出版社，2016.

↗ 了解自身情绪

有没有见过以下这样的场景?

两个人发生了争执,旁边有人劝道:"你们别生气。"其中一人大手一挥,说:"我没生气!你不用劝我!"

其实此刻他说话的分贝值已经几乎达到巅峰。他是真的没生气吗?当然不是,他只是缺乏对自身情绪的了解和觉察。

那么,你呢?

当你愤怒时,你知道自己正处在这种状态中吗?你能清晰地告诉自己到底是为什么愤怒吗?

当你烦躁不安时,你是否能觉察到自己和平时的状态不太一样,并提醒自己要停下来梳理一下烦乱的心绪吗?

当你极度亢奋时,你能够意识到自己的激情和快乐是从何而来吗?

对情绪的理解和觉察是避免自己被情绪所操控的关键。

↗ 管理情绪

经典科幻电影《星际迷航》中塑造了一个崇尚逻辑和绝对理性的种族——瓦肯人,他们是宇宙中智慧最高的生物,所有的决策和行为全部基于理性的逻辑判断,丝毫不掺杂任何感性,就连交配繁衍下一代都有固定的时间。

然而,在现实生活中,这样的人类是不存在的。在职场中总是能看到一些理性的典范,他们愤怒时不随便抓人泄愤,在艰难或繁杂的任务前保持不焦躁、不抱怨,即使被无礼冒犯也能平和地回应。这并不是因为他们如瓦肯人一样绝对理性、没有消极情绪,只是因为他们做到了有效地管理自己的情绪,并在此基础上进行了恰如其分的表达。

同时,我还想特别强调一点,高情商不表示没有情绪或不表达情绪。真正的高情商人士会在该哭的时候哭、该笑的时候笑、该发火的时候发火,他们不压抑情绪，也不夸大情绪，他们贴合时宜地、有建设性地表达情绪，懂得应用情绪的能量，让自己成为真实而丰满的个体。

↗ 自我激励

年初的时候下决心说今年要每月至少读一本专业书籍，年底了发现书架上还有好多书连塑封都没有拆掉；

站在体重秤上看着又一次上涨的数字，决定以后每餐只吃蔬菜、不吃高热量食物，下一秒对着妈妈刚刚烘焙出的小蛋糕却忍不住伸出了手；

打开笔记本电脑准备要加班写工作总结，但忍不住点开论坛看起了帖子，然后，就没有然后了……

你有没有遇到过上述的情况？

以上这些情况关乎你的自我激励与自我控制能力到底有多强。用更通俗的说法来表达，这种能力也可以被叫作意志力。自我激励也是情商中非常重要的特质，自我激励能力强的人善于围绕自己设定的合理目标进行有效的情绪控制，也就是说，战胜那些想要偷懒或放开吃的冲动，从而激发出更多的坚持和更强的创造力。

↗ 识别他人的情绪

和好朋友们在一起时，你敢于口无遮拦地拿他们开玩笑，是因为你知道，他们不会因此而生气。如果你加入了一家新的公司，上班第一天往往不会用这样的方式和新同事说话，是因为你知道这样做对方有可能不开心。这个判断的过程就是在"识别他人的情绪"。

是不是能够准确识别他人的情绪，也是情商高低的一个重要评判标准。即使在对方喜怒不形于色的情况下，高情商的职场人士也可以判断自己的一个举动或一句话可能引发对方怎样的微妙情绪反应，从而判断如何采取下一步的行动。这种能力也可以被称作"同理心"。

↗ 处理人际关系

　　高情商人士未必酷爱社交，也未必是社交场上最吸引大家眼光的焦点人物或明星。但只要需要，他们就可以表现出良好的人际关系处理能力，与他人顺畅地开展人际互动，达成高质量的社交活动。处理人际关系的能力属于管理他人情绪的一部分，而这种能力建立的基础则是 "了解自身情绪" "管理情绪" 和 "识别他人的情绪"。

2 【破解迷思】
那些关于情商的误读

在进入正式内容介绍前，我还特别希望通过澄清几个问题，来帮助你更全面、更深刻地认知"情商"。

↗ 一个人的成功 20% 由智商决定，80% 由情商决定。这是真的吗

这句话流传甚广，也被很多人深信不疑，更是被很多的"情商课""情商书"拿来作为宣传语。据说这句话来自情商之父戈尔曼的著作，这是真的吗？

当戈尔曼的《情商：为什么情商比智商更重要》一书再版时，作者特别在再版的序言中澄清了这个观点。他说："这种误解起源于智商对事业成功的贡献率约为 20% 的说法——它本来就是一种推测。这种推测说明成功的主导因素还没有得到明确，需要寻找智商以外的因素填补空白。但这并不代表情商就是余下的 80% 的因素，影响成功的因素非常广泛，除情商之外，还包括财富、家庭教育、性格，以及莫名其妙的运气等。"②

戈尔曼之所以要特别澄清这个观点，是因为他说："对情商的误读给人们带来了一些迷思。"而我希望在本书的开篇就特别地讨论这个问题，同样希望传递一个信号："情商是重要的，但不是解决问题的唯一金钥匙，不要神化或迷信它。"

成功到底意味着什么，世人会有不同的解读。挣很多钱？有很高的社会地位？对社会有贡献、有价值？抑或是拥有强大而平和的内心？假如不

---

② 丹尼尔·戈尔曼. 情商：为什么情商比智商更重要[M]. 杨春晓，译. 北京：中信出版社，2010.

讨论这个复杂的、容易引发价值观之争的话题，仅把成功定义为一个最世俗也最普世的概念——能够挣到丰厚的薪水并拥有一定的社会地位，则可以发现，高智商人群在获得成功这件事情上的优势仍然是不容置疑的。

《生活大爆炸》中的少年天才谢尔顿，智商187，15岁获得博士学位，供职于著名的加州理工学院，是一位理论物理学家。谢尔顿足够聪明，按刚刚界定的成功标准，也足够成功。但生活中的谢尔顿简直就是剧情中的情商洼地，他听不懂别人的幽默，也听不出好友善意的讽刺，习惯显摆自己的智商，对别人经常提出苛刻的要求。

什么？你说谢尔顿是个虚拟人物？没错。可你知道吗，这个角色的灵感其实来自编剧比尔·普拉迪认识的一位计算机程序员。的确，在我的生活和工作中，就见识过这样的高智商低情商人群，他们和女孩子说句话都会脸红，但丝毫不妨碍他们成为顶尖的程序员或架构师。

【小提示】

第一，那些智商很高但情商也许差点意思的伙伴们，别执着于"成功的80%由情商决定"这个观点，更别因此而妄自菲薄。凭借你们聪明的脑袋，你们可以找到一个对人际交往要求相对比较低，又可以充分发挥个人智商优势的工作领域，也有机会获得世俗意义上的成功。而这其中的关键点在于，找到那个领域，而不是勉强自己和一些高情商的人竞争。

第二，阅读本书，试着突破自己的情商短板限制。在智商水平没有明显差异的情况下，情商这种特质可以帮助你在成功的基础上更成功。例如，在一些智商超群但情商一般的程序员中，那个高情商的程序员更有可能成为领导者。同时，情商还可以帮助你减少一些在恋爱和婚姻中的困惑。假如有个单身女性请你去她家修计算机时，请别以为她"只是"想修计算机而已，如果你顺便发出一个一起吃饭或看电影的邀约，那么你的单身生涯就有望结束了（假如你对她也有意）。

第三，补充说明一点，这世界上不太可能存在"情商非常高，但智商非常低"的个体，因为情商需要通过智商才能发挥价值。举个例子，当你具备对他人的同理心时，你会知道，在一次会议中，简明扼要地说出重点才是最能说服对方的表达方式，但如何才能简明扼要、逻辑性强地表达出重点呢，这当然需要智商的助力。国内外的学者们也通过不同的实证研究证明智商和情商之间存在一定相关性。

所以，认为情商很重要，并不是说智商不重要，也并不是说只要情商高就一定能在职场畅通无阻。人们更期望的是智商和情商的平衡发展。在人们成年之后，智商会基本锁定在某个水平，怎么努力也不会有太大变化，但情商可以在人们的努力下继续发展。所以，对于儿童而言，开发智商和情商都具备一定的可行性，但对于成年人而言，修炼和提升自己的情商，比开发智商更具可行性，也就更值得人们花些时间去做了。

↗ 高情商就是让周围的人觉得舒服

曾经在微信朋友圈看到一篇转发和阅读率都颇高的文章，题目叫作《让别人舒服的程度，决定你人生的高度》。还有句话也在各类社交媒体上流传甚广，叫作"高情商就是让周围的人都觉得舒服"。信息爆炸的年代，观点和态度鲜明的标题最易传播，却也可能容易引起误解。那么，这两句话真的有道理吗？

什么是让人觉得舒服？

在没有利益冲突和立场冲突的情况下，尽可能表现出对交往对象的尊重和认同，就可以让对方觉得舒服了，这似乎不难。

然而，职场中的交往和沟通却不是闲聊。通常几句寒暄过后奔向主题时，你就会发现，利益和立场冲突几乎无处不在。

同事说手头事情有点忙不过来，需要请你帮忙做一些数据处理，而恰好你今天的工作也排得满满的，如果帮了这个忙，自己就需要加班，你会怎么办？

昔日好友打电话过来，说听说你现在是个圈内著名的设计师，而他正好要开个小店，麻烦你帮忙免费设计几张宣传海报。事实上，你下班后已经有接私活赚外快的安排了，帮了这个忙就意味着减少一些经济收入，而

好友觉得这只不过是你的举手之劳而已。你会怎么办？

如果情商高就是让人舒服，那么显然，在刚刚的两个情况中，委屈自己，放弃自己的一些利益答应别人的要求，是让对方舒服的方式。但显而易见，这并不是最好的选择。

委屈自己也就罢了，然而工作中人们更多碰到的境况是，即使自己受了委屈也依然无法让对方舒服。

跨部门的同事提出一个在你的部门资源和能力之外的需求；客户提出要在原来条款的基础上追加一个条件；供应商提交的服务让你没那么满意，对方却在强词夺理……一旦涉及利益和立场的不一致，"让周围的人舒服"就成了一个即使让渡个人利益也不可能完成的任务，更何况，个人利益并不能轻易地被让渡。而这时，高情商的表现应该是，懂得拒绝不合理的要求，更懂得在拒绝时尽量让对方不难堪、不尴尬；懂得说服或影响对方改变诉求，更懂得寻找立场对立的双方共赢的方向。

【小提示】

第一，在对自己及自己所供职的团队和组织利益负责的前提下，尽量用让别人舒服和能接受的方式解决问题，这才是情商高。而让所有人都觉得舒服，可能更适合用"圆滑"这个词来形容，圆滑的人也许大多情商不低，但这并不是高情商的真实内涵。

第二，职场新人们，你们需要放弃"让所有人都舒服"的想法，放弃一味的迎合，寻找一个平衡点。这的确很难，但必须尝试。

↗ 那些人们眼中"情商高"的人，是真的情商高吗

先来看两个典型人物，一个来自文学作品，另一个来自现实生活。

第 1 个是红楼梦里的黛玉，她常常被作为善于察言观色的典范，她的情商表现究竟如何？在黛玉初进贾府那一章回里，曾有这样一个片段：

贾母因问黛玉念何书。黛玉道："只刚念了《四书》。"黛玉又问姊妹们读

何书。贾母道："读的是什么书，不过是认得两个字，不是睁眼的瞎子罢了！"

一语未了，宝玉就来了，书中这样写道："宝玉便走近黛玉身边坐下，又细细打量一番，因问："妹妹可曾读书？"黛玉道："不曾读，只上了一年学，些须认得几个字。"③

这个微小的细节可能你未曾留意，黛玉为何会改口？她正是因为在刚刚的对话里体察到了贾母的情绪和内心喜好——女孩子并不需要博学多才，于是才会在宝玉提问时不再提起《四书》，反而回答说"不曾读"。

从这个情节中，不难发现黛玉在"识别他人情绪"这个特质上，已经做得非常出色了。然而，黛玉始终生活在寄人篱下的不安全感中，因为和宝玉的恋情，更是常常沉溺在悲伤和抑郁的消极情绪中，甚至积怨成疾，郁郁而终。对应情商的 5 个特质，又会发现，她在"管理自己的情绪"方面的能力低于大多数人。

所以，你觉得黛玉是个"高情商"的姑娘吗？应该不是。

第 2 个人物是大家再熟悉不过的乔布斯。

世人对乔布斯的评价是充满争议的。

有人说，他是个天才，对美与设计极有天赋，又有着极为严苛的追求。他善于讲故事，能用他的故事激励人和鼓舞人。

当然，也有人说，他自以为是，一味地追求完美。他觉得自己比任何人都聪明，从来听不进建议。他暴躁易怒，从不介意别人的感受。

对于这样一位天才的是非功过，我不敢妄加评论。但至少可以从《乔布斯传》的一些细节里看出，乔布斯确实不是一个情绪平和的人。有一段原文是这样写的：

大部分人在大脑与嘴巴之间都有个调节器，可以调整他们粗野的想法和易怒的冲动。乔布斯可不是，他很看重自己残酷诚实的一面。"我的责任是当事情搞砸了的时候说实话，而不是粉饰太平。"他说。这一点使他富有魅力又能

③ 曹雪芹. 红楼梦[M]. 北京：人民文学出版社，2008.

鼓舞人心，但也使他有时候，像个浑蛋。④

所以，当对应情商的 5 个特质来看时，乔布斯在"自我激励"方面无疑非常优秀，但在"管理和控制自己的情绪"方面并不算好。然而，他应该并不在意。

就好像一个数理化特别棒的高中生会英语考试不及格一样，人们在情商的 5 个特质上的表现未必能够全部正相关。一个善于识别自己情绪的人未必对他人具有同理心，而一个善于自我激励的人也未必善于处理人际关系。除那些非常少见的情商高手外，更多的人都是在情商的不同领域各有所长。

生活中，大多数人对于别人情商高低的评价，往往集中在人际交往能力上，而忽略了情绪觉察、自我激励等能力。当你读完这个章节之后，希望当你再听到人们评价他人情商高低时，不妨想想，在情商的 5 个特质中，他到底是哪方面比较强，或者比较弱，才导致别人对他有这样的印象。

同样，当人们对自己的情商感到着急时，也不妨试着分析一下，你在这 5 个方面到底哪一点做得不好？也许你会发现，自己其实需要改善的只有 2~3 点，而在其他方面做得还不错。当人们清晰地认识到这一点以后，就可以尝试有针对性地改善和突破自己的短板了。

正如我在前面介绍的，你可以通过目录快速定位，寻找自己最希望提升和改善的领域做精读，而自己已经做得比较好的方面，就可以略读或跳过了。

那么，接下来，就让我们共同开启情商提升之旅吧。

---

④ 沃尔特·艾萨克森. 史蒂夫·乔布斯传[M]. 管延圻，魏群，余倩，赵萌萌，译. 北京：中信出版社，2011.

第1部分

拯救玻璃心

职场中的情绪觉察与情绪管理

　　人们在职场中总能看到一些这样的小伙伴，他们愤怒时不随意找人泄愤，在繁杂的任务前能保持不焦躁、不抱怨，即使被无礼冒犯也能平和地回应。这并不是因为他们没有消极情绪，只是因为他们做到了有效地管理自己的情绪。你是不是也想成为这样的人？

3 【情绪觉察与接纳】
要么忍，要么滚？其实还有第 3 种选择

这个故事，有相同的开头，但是有 3 个不同的结局。所以，以下分别把这 3 个不同走向的故事称作 A1 版本、A2 版本和 A3 版本。

↗ A1 版本的故事

小扬，从小到大，几乎一直都是"别人家的孩子"。

小学到初中，成绩好，几乎没让家人为他的学习操过心，也总被邻居家的爸妈们当作数落自己家孩子时的正面榜样。

他顺理成章地考上了一所 985 大学。在大学生活中，依然是顺风顺水，当学生会干部、拿奖学金、被系里的好几个女孩子追求。

大学毕业那年，靠自己找到一份知名企业的工作，还是眼下最热门的职业——产品经理。工作第一年，小扬觉得自己从"学生"身份转换成"职场人"的过程还是相当顺利的，他的第一任上级大鹏是自己的校友，算是师兄，和他一样都爱踢足球。小扬工作很努力，师兄对他的产出很认可。入职几个月以后，小扬就已经可以独立完成一些基础模块的工作了，师兄也会在关键的节点上给予一些指导和点拨。周末偶尔会和师兄一起找原来的校友们踢场球，亦师亦友的上下级关系显得分外融洽。

可最近，小扬遇到了一些麻烦。

刚过完年，师兄出于个人职业发展的原因离开了公司，平级部门的一个女主管林琳调到小扬的部门，成了他的新上级。

林琳非常能干，思路清晰、逻辑严谨，小扬对她的专业能力很服气，但她和师兄的管理风格完全不同。

师兄会授权小扬独立完成一些模块，有产出结果后再一起检验。但是林琳会要求小扬在工作开始前把所有的细节都汇报清楚，她确认没有问题后再让小扬开始工作。

师兄在收到小扬的工作报告后经常会先回复邮件说："做得不错。"林琳几乎不怎么夸小扬，每次收到报告都会把小扬叫到自己计算机边，对着报告指出哪些地方有问题需要修改。

和林琳共同工作了两个月，小扬还是没有适应她的管理风格，总觉得束手束脚，每天上班都提不起劲来。

有一天刚吃过午饭，林琳又坐到了小扬旁边，让他赶快打开计算机，说要修改一下昨天那份报告，下午会议上要着急用。报告一打开，林琳开始一页一页地指点小扬应该怎么改。

"这儿，这个字号小了点，你调成跟标题一样大。"

"这儿，看着有点别扭，是不是用了半角标点？我不是跟你说过好几次，标点要用全角吗？"

"这个用词不太准确，把'用户需求'改成'用户痛点'，这样更准确……"

10 分钟过去，小扬烦躁无比。他心想，这领导怎么这么烦，总是改这些细节对报告整体有什么影响吗？有这时间还不如在大框架上下点功夫。

15 分钟过去，小扬的内心已经极度崩溃了，终于，在林琳又提出下一个修改要求时，小扬站起身，对林琳说："这么手把手地教多耽误工夫，您还是自己来吧。"然后拿起水杯离开办公桌，去了茶水间。

林琳愣住了，她并没有预料到小扬会有这样的反应。

小扬去茶水间喝了杯咖啡，觉得跟着这样的领导实在是不爽，于是他快速地做了个决定：走！于是，他回到座位上就直接跟林琳提出了辞职。林琳有点错愕，也有点无奈，但没有多说什么。

第二天，小扬有一点点后悔，但又觉得骑虎难下，而且他也觉得确实很难再和林琳和平相处，还是提交了正式的辞职申请。

一星期后，小扬离开了公司。

⬈ A2 版本的故事

前面的故事与 A1 版本都一样，但结局不同。

当林琳坐在小扬旁边指指点点 10 分钟以后，小扬的内心已经极度崩溃了。他想着，再忍忍，总不能当面跟领导拍桌子。

于是，他强压着心底的烦躁情绪，继续按林琳的指点继续修改。

20 分钟后，终于改完了。

晚上回家，小扬跟女朋友抱怨林琳：你说这女人是不是有病？有她这么当领导的吗？也不知道她是怎么做到这个职位的。

女朋友当然是随声附和，劝小扬别和她一般见识。

小扬也考虑过离职，但目前的公司和职位对他而言，的确还是很有吸引力的，凭毕业一年的工作经验，要找一个同类的岗位也并非易事。于是，小扬决定继续忍。

忍是忍下来了，但小扬对林琳的管理方式越来越抗拒，白天工作时总是处于糟糕的情绪状态之中，晚上回家后跟女朋友的抱怨已经成了例行功课。

小扬不知道，自己还能坚持多久……

⬈ A3 版本的故事

当林琳坐在小扬旁边指指点点 10 分钟以后，小扬的内心是烦躁的。但是，他马上提醒自己，对待领导要有尊重的态度。

于是，小扬按照林琳的指点改完了方案。

在之后的工作中，类似的情况几乎常常上演。小扬的脑子里就像住着两个"小人"。一个"小人"任性随意，每当遭遇到林琳的指点时，这个"小人"就会跳出来说："有完没完，真是烦透了"。然后，另一个严肃认真的"小人"就会跳出来说："小扬，你应该成熟点，你这么想是不对的。你是一个成熟的职场人了，不能由着自己的性子来，按领导说的做。"

偶尔，第 1 个"小人"会跳出来说："我不干了，辞职。"

第 2 个"小人"会马上跳出来说："别冲动，我一定要在这个公司工作满两年，这样出去才能找到更合适的职位。"

不管内心的两个"小人"怎么斗争，小扬从来都没跟别人说过，不管是克服自己内心的冲突，还是管理好自己的消极情绪，他都觉得应该自己搞定。

在他的女朋友、父母，甚至同事眼里，他依然是原来的那个小扬。只有他自己知道，这段日子并不好过。

↗ 故事的背后

3 个版本的小扬，你会更欣赏哪个？

先不做好或不好的点评，因为这 3 个小扬分别代表了应对消极情绪的 3 种典型方式，以下来逐一分析一下。

应对消极情绪的 3 种典型模式

1. 直接宣泄——怼回去

怼回去是最简单的处理方式，也是很多当事人觉得最"爽"的处理方式。

你让我不开心了，那我就反击，就对抗，或者用不加掩饰的方式直接表达出来。

A1 版本中的小扬的做法就属于这种模式。

2. 间接宣泄——抱怨

A2 版本中的小扬选择了先忍下来，不过坏情绪依然在，怎么办呢？回去找自己最亲密的人倾诉和抱怨，在自己朋友或亲人的附和中，坏情绪似乎得到了短暂的释放。

抱怨也是一种宣泄方式，这种处理方式和直接宣泄的共同点是：认为自己没有错，而别人的错误行为是自己坏情绪的源头，别人应该对自己的情绪负责。

3. 压抑和否定

A3 版本中的小扬选择压抑和否定了自己的消极情绪。他脑子里的两个

"小人"，一个代表了最本能的情绪冲动，而另一个代表了基于理性和逻辑的分析。通过分析，他觉得自己的情绪是不合理的，所以要把这个情绪压抑住。

这似乎是看起来最成熟理智的一种处理方式。请注意，我用了"似乎"，因为我并不完全认同这种方式，后面会做具体分析。

看到这儿，不妨先停下来审视一下，自己常用的"模式"是哪一种？很多人并不会选择单一的一种模式，有可能选择其中的两种甚至更多。请在以下符合你的选项前的"□"中打"√"。

> 面对职场中的消极情绪，我常用的应对模式是：
> □直接宣泄，怼回去。
> □间接宣泄，找人抱怨倾诉。
> □间接宣泄，一个人去喝闷酒、唱 KTV、逛街买买买……
> □压抑。
> □其他。

之后，再来共同思考，每种方式会给你带来什么。

不同消极情绪的应对模式分别会带来什么

1. A1 版本，直接宣泄之后的结局，你想过吗

对于很多年轻的伙伴来说，可能打心底里还是挺欣赏 A1 版本中小扬的这种处理方式的。然而，当人们用这种最简单直接的方式来处理这件事时，还是需要问自己以下几个问题。

第一，从当下看，辞职是对自己最有利的选择吗？

潇洒放弃以后是不是还能找到符合自己要求的平台和职位？答案是未知的，所以至少需要评估和思量。

第二，从未来的发展看，这个举动对今后的职场路会有什么影响？

其他公司的 HR 问起离职原因的时候你会如何回答？背景调查的时候你的上级和老板会怎样描述你的表现？要知道，在任何时候，尊重别人、

有责任心、做事有始有终都是最基本的职场规则。

我并不认为"裸辞"一定是一个不好的选择，前提是，这是一个慎重考虑下的选择，而不是一时的意气之举。

瞬间的潇洒与痛快，与未来职场空窗期可能出现的持续焦虑感，你真的想好了吗？

总之，直接宣泄情绪是最简单的方式，但这种方式带来的后果可能是人们无法承担的。头脑发热之后人们还是要面对那个不好收拾的烂摊子。

有句话说"Follow your heart but take your brain with you"（听从心的声音，但记得带上你的脑子），非常适合送给 A 版本中的小扬，也请正在阅读本书的你用以自勉。

【小提示】

你可以肆无忌惮地直接表达情绪，但你需要知道这样做的后果是什么，以及你是否能够承受。

---

2. A2 版本，你的同盟军给你带来的究竟是什么

A2 版本中小扬的做法应该是更为常见的模式。作为中国人，人们的传统文化及从小到大受到的教育都说应该尊重权威，这个权威包括长辈、师长或上级。所以，不和上级直接发生正面冲突，会是很多职场人的第一选择。

然而，人们虽然避免了正面冲突，但郁闷、愤怒或烦躁的情绪并没有消失，怎么办？小扬选择了找女朋友抱怨。这个抱怨与倾诉的对象还有可能是闺密、室友等。

在抱怨中，人们得到了什么？

大多数时候得到了来自亲人或好友的理解、认同和安慰。

女朋友或男朋友、好朋友、家人，他们所得到的关于你的抱怨对象的信息是片面的，除非他们具备了非常中立和审慎的态度，通常他们会变成你的同盟军，附和你，甚至和你一起挑那个被抱怨对象的毛病。

在这个过程中，你觉得自己被治愈了，然后又具备了第二天继续忍受"折磨"的能量。但是，在这样周而复始的循环中，你的问题到底是解决了，还是加重了？

这就是同盟军带来的影响，让人们觉得自己真的受尽委屈，而那个臆想中的"敌人"是真的十恶不赦。于是，在小扬的故事里，他可能越来越没有办法客观地看待自己和林琳，上下级之间的裂痕越撕越大。当小扬带着这样预设的立场再去面对林琳时，对方一个正常的举动都可能在小扬的心里掀起消极情绪的波涛。

有些小伙伴的间接宣泄方式不同于小扬，他们不找人抱怨，也没有同盟军，而是化悲愤为"酒量""食量"或"买买买的能量"，去喝顿酒、吃顿好吃的或逛商场，用这样的方式帮助自己来摆脱消极情绪。

这种做法到底值不值得提倡？

在我看来，这种做法本身并没有太大的负面作用，当然如果喝的太多或买的太多，可能伤害到人们的身体和钱包。短期来看，这的确是帮助人们平复心情的一种方式。但长期来看，这样的处理方式并不能真正解决问题。也就是说，造成情绪不好的那个"源头事件"一直都在，并不会改变。那么，你只能陷入"情绪不好—想办法宣泄疏解—回去工作—继续情绪不好—再想办法宣泄疏解"的无限次循环之中。

所以，这种办法看起来似乎立竿见影，但长期来看也并非上策。

【小提示】

你可以选择通过抱怨、买醉、大吃来换得一时的平复，但你需要知道，问题不会在这个过程中得到解决，它一直都在，而且会愈演愈烈。

---

3. A3 版本，懂事的孩子，你们过得还好吗

A3 版本中的小扬也有一定的代表性，他们冷静而克制，一直都是别人眼中"优秀""懂事""识大体"的孩子。

也许他们儿时也有过要性子的时候，但各种声音告诉他们："这不是乖

孩子的表现。"他们在这样的教育下逐渐长大，也逐渐塑造了自己的标准。他们认为自己应该、也可以理性地管理好自己的情绪，为自己要实现的目标负责。在这种标准的指引下，他们认为，冲动、任性、抱怨都是不成熟的表现，假如出现了这些情绪，他们甚至可能觉得羞耻或不可原谅。于是，他们对自己的情绪进行了压抑与否定，不表达、不抱怨，也不寻求帮助，甚至不承认。他们努力把自己最好的一面展现给他人，默默掩盖内心的情绪乱流与冲突。

我不否认，A3 版本中的小扬，应该是职场中相当受欢迎的那类人。不管是老板、同事，还是合作伙伴，都会觉得这样的小扬很靠谱。然而，在他们成熟懂事的背后，是不为人知的辛苦。在小扬的自我斗争中，这股自我抗拒的情绪乱流短期来看并没有任何对外的破坏作用，甚至也许用不了两个月，小扬就可以成功地克服这次冲突，达到新的平衡。但是，必须要明白，任何一种被压抑和否定的情绪，都不会消失，它只是被隐藏了起来。

> Unexpressed emotions will never die. They are buried alive and will come forth later in uglier ways.
>
> 未表达的情绪永远不会消亡。它们只是被活埋，并将在未来以更加丑陋的方式涌现。
>
> ——西蒙·弗洛伊德

未被熄灭又隐藏起来的愤怒情绪会流向何方？它可能被转化成两种情绪：自责和自我怀疑。如果人们习惯于长期用这种否定和压抑自己真实需求的方式来控制情绪，则会渐渐丧失觉察与满足自我需求的能力。甚至这些情绪会从自责和自我怀疑，再变成没有特定对象的泛化的焦虑，最终给人们带来深深的无力感。压抑后的愤怒情绪走向如图 3.1 所示。

图 3.1　压抑后的愤怒情绪走向

所以，必须要澄清的是，A3 版本中小扬的做法，不能称作管理情绪，而应称作压抑情绪。管理情绪和压抑情绪，从第三者的角度看，也许是一样的，看到的都是当事人得体的行为和平静的外表，但与当事人内在的感受有着天壤之别。

【小提示】

　　假如你选择忽视、否定或压抑自己的消极情绪，你需要了解的是，你的情绪并不会消失，它们只是藏了起来，用更隐蔽的方式来带给你伤害。

面对消极情绪的另一种选择

是不是还可以有其他选择？答案是肯定的。先来总结一下前面的 3 种处理模式与我所提倡的"**另一种选择**"背后的理念有什么差异。

当你毫无顾忌地宣泄自己的情绪时，无论是直接回击，还是向第三者抱怨，你都会认为自己的情绪是合理的、理所应当的，而别人才是造成自身情绪的原因，别人应该对你的情绪负责。

而当你选择压抑自己的情绪时，你认为自己的情绪是不合理的，你应该对自己的情绪负责。

我所提倡的"**另一种选择**"，也就是管理自己的情绪。而管理情绪的前提是学会接纳自己的情绪，并对自己的情绪负责。

面对消极情绪的 4 种处理模式的差异如图 3.2 所示。

	直接宣泄	抱怨	压抑	另一种选择
我的情绪合理吗	合理	合理	不合理	合理
谁应该对我的情绪负责	别人	别人	自己	自己
情绪的作用方向	向外——对方	向外——第三方	向内——自己	逐渐消解

图 3.2　面对消极情绪的 4 种处理模式的差异

1．接纳自己的情绪——学习与不同的情绪相处

为什么要谈情绪的自我接纳？先来思考一下，**你认为情绪有对（合理）和错（不合理）之分吗？**

情绪本身并没有对与错之分。也就是说，对于每个个体来说，只要情绪产生了，在那个当下，都是合理的。

那么，当人们评判某个人说："你不应该愤怒，你不应该生气"时，难道不是在质疑这个情绪的合理性吗？

事实上，人们应该质疑的并不是情绪本身的合理性，而是这个情绪背后的原因或信念的合理性。思考原因或信念的合理性，可以帮助人们追本溯源，找到化解消极情绪的方法，这一点会在下个章节详细介绍。而质疑情绪本身的合理性，只会引发内心的冲突，而且会让人们丧失改变的动力。

你会评判、否定甚至压抑自己的情绪吗？

既然情绪本身并无对错之分，那么当消极情绪出现时，如果人们评判、否定和压抑自己的情绪，则都不利于消极情绪的化解。所以，人们应该先接纳它。

也许这个情绪背后的信念并不合理，但只有先接纳了它，才有可能在内心平衡的状态下追溯情绪背后的信念。愿意承认和接纳自己的消极情绪，是让自己保持弹性与平静的最佳选择。

人们常说："知易行难。"面对情绪管理这个领域，这个道理更为适用。即使你读完了上面的文字，在短时间内也许依然难以在出现情绪乱流时做到欣然接纳。这与人们长期受到的教育、文化环境的影响紧密相关。在教育与文化环境的影响下，人们可能形成了一些根深蒂固的观念。针对以下观念，在你同意的条目前的"□"中打"√"。

□成熟的人不应该发脾气。

□控制不了自己的情绪而发火是可耻的行为。

□我需要为老板的感觉负责，所以我必须表现出社会环境所鼓励的态度（服从、谦逊、按老板说的做）。

□我得尽量让周围的人都喜欢我，如果他们不喜欢我，那应该是我的错。

□哭泣是软弱的，我必须时时刻刻都坚强。

□我不能放松，不能懈怠。这是一个优秀的人应该做的。

有多少条你打"√"了？这些观念有可能是造成你内在冲突的诱因。

假如你有半数以上都打"√"了，则你对消极情绪的处理模式更倾向于"否定与压抑"。你也许和 A3 版本中的小扬一样，在情绪面前急着审判和评价自己，而不是关注和接纳它们。

现在，试着暂时放下这些观念，专注于自己的感觉上，接纳它，而不是压抑它；肯定它的合理性，而不是否定它，即使这个情绪现在让你觉得不自在。

特别要强调的是，"接纳情绪，不否认情绪的合理性"与"每个人都应学会对自己的情绪负责"两个理念并不冲突。在学会接纳情绪后，再来思考，为什么每个人都应该对自己的情绪负责。

2. 做情绪的主人——每个人都应该对自己的情绪负责

夏天过去了，走在路上，一片黄叶落在你的脚下，你会有什么样的情绪？

你可能是欣喜的，因为你最爱的秋季要来了，天高云淡，风清气爽。

你可能突然有些落寞，因为你想起了发生在某个秋天里的一场离别。

你也可能是平静的，因为在你看来，这只是最平常的季节更替。

那么，是谁让你欣喜或落寞？是这片叶子吗？当然不是。让你产生情绪的，是你自己，是你自己的喜好，是你自己内在的念头或思绪。

假如你能认同在这个关于落叶的故事里所讲述的逻辑，那不妨再换个工作中的场景。

在办公室里，你找一位同事帮忙，而他冷脸以对，你又会有什么样的情绪？

你可能生气，暗自想，哼，他不帮忙也就算了，凭什么对我甩脸子。

你也可能觉得委屈，哎，在这个团队里，想找人帮忙都找不到。

当然，你也可能觉得这个很平常，别人没义务帮你，他不帮忙，你还可以找其他人，总有热心的人愿意施以援手。

那么，又是谁让你生气或委屈？是那个冷脸以对的同事吗？当然也不是，让你产生这些情绪的，还是你自己。

当你在职场中感到自己遭受了不公平待遇时，当你觉得被漠视、不被尊重时，当你感到气愤、郁闷、委屈时，先别责怪别人，不妨静下来想一想：

为什么有的人可以认真倾听攻击他的观点，但是你一听到就会动怒呢？

为什么有的人面对别人的误解时可以坦然面对，而你就会觉得分外委屈呢？

为什么有的人在混乱局面下可以搞定整个场面，而你就会觉得紧张、焦虑，觉得所有人都在给你添乱呢？

你最终发现，如果你不愿意，其他人并不能带给你某种特定的情绪，是你让自己感到害怕、烦恼、气愤或恐惧。让你产生情绪的只能而且永远是你自己。

只有认同并接受这个理念，你才能够真正成为自己情绪的主人。否则，你就只能将自己维持情绪平和、内心喜悦的希望寄托于别人和运气，如周围的人都友好地对待你，你永远不会遭遇坏人，而你知道，这是不可能的。

在 4【情绪管理】中，会讲一个关于小扬故事的 B 版本，并围绕这个故事一起来探讨，你该如何对自己的情绪负责。

3. 管理情绪，从自我觉察开始

假如你现在已经可以接受并认同以下两个理念：

第一，接纳自己的情绪。

第二，每个人都应该对自己的情绪负责。

现在，可以来探讨"管理情绪"的第 1 步：学会做自己的观察者。

当你在外界事件的刺激下，产生负面的强烈情绪反应时，第一时间应该做的是，觉察到自己正处在某种情绪中。所谓觉察，包括你觉察到自己正在体验何种情绪、情绪的强度是什么，以及情绪产生的原因。

是不是觉得很难？先来想象另一个状态。

想象一下你正在情绪很平和的状态下，在一个房间里悠闲地喝着茶、看着杂志，这时，门开了，你的好朋友走进来，没有说话，但从他紧握的拳头和凝重的表情中，你感知到他正处在和平时不太一样的情绪状态中，你试着分析，他怎么了？生气了吗？

这个过程，是你对其他人情绪的觉察。这件事看起来并不难，你平时在生活中也经常这样做。而你要尝试练习的，是把整个过程从别人身上转移到自己身上。换句话说，当你的消极情绪出现时，你要试着把自己抽离出来，像一个第三者一样对自己进行观察，试着问自己："我怎么了？我是不是很生气（难过、悲伤）？我在为什么而生气（难过、悲伤）？"在这个状态下，你是自己情绪的观察者或见证者。

正念减压疗法（Mindfulness-Based Stress Reduction，MBSR）的提出者乔恩·卡巴-金给觉察的定义非常简洁又精准，他认为"觉察意味着以一种特定的方式保持注意——关注目标，在当前的时刻，不带任何评价。"当人们变得有觉知力时，可以做到清晰认知但又不加评判地关注自己的内在情绪体验。所谓不加评判，就是"自我接纳"。

你可以按照以下步骤对自己的情绪进行觉察练习。

第1步 命名

情绪到底分为多少类？在不同的学术著作和不同的流派中，提出了不同的分类方法。

人们常说人有"七情六欲"，其中的"七情"就是中国古代对情绪的分类，这七情分别是指喜、怒、忧、思、悲、恐、惊7种情绪。

美国著名心理学家保罗·埃克曼博士在研究中提出，人类有6种基本情绪：快乐、悲伤、恐惧、愤怒、惊讶和厌恶。而在6种基本情绪的基础上，人们又会有一些复合情绪，如嫉妒、烦躁、羞耻等。

情绪觉察的第 1 步，是学会给自己的情绪命名，即使在巨大的情绪波动中，也能够知道自己现在正在体验的情绪是什么。特别要提示的是，尽量让自己对情绪觉察的颗粒度变得更小。例如，当你觉得不太好受时，不要笼统地命名为"难过"，而是试着说出，这种"难过"究竟是哪些情绪的混合。

以下是一些情绪标签，基本上可以覆盖人们生活中的各种基本情绪和复合情绪。

快乐、兴奋、愉悦、自豪、激动、忧虑、烦躁、苦闷、愤怒、愧疚、难过、悔恨、失落、悲伤、委屈、紧张、担心、憎恨、恐惧、惊讶

第 2 步　定级

同样是快乐的情绪，淡淡的快乐和欣喜如狂又是不一样的。当人们试着觉察情绪时，在命名的基础上，要能意识到自己情绪的强度。

第 3 步　尝试了解情绪的源头，为情绪建立意义

"哪件事引发了我的情绪？"

"这件事为什么会引发我的情绪？"

对第 2 个问题的回答，实际上是在对你的观念（信念）进行探索，这对于情绪管理有着重要的意义。

假如小扬按照以上步骤对自己的情绪进行了觉察练习，练习的情况具体如下。

第 1 步　命名

当林琳在小扬身后一页一页地提出修改意见时，小扬内心已近崩溃。他此刻的情绪是"烦躁""苦闷"。

第 2 步　定级

如果按 1~5 分来标示，1 分为有一点，5 分为极度。小扬觉得此刻的烦

躁强度为 4 分，苦闷强度为 3 分。

第 3 步 尝试了解情绪的源头，为情绪建立意义

哪件事引发了情绪？

林琳的指指点点直接引发了这个情绪，而一直以来对林琳管理风格的不适应才是情绪的真正诱因。

这件事为什么会引发情绪？

小扬觉得，一个好的领导不应该是林琳这个样子的。他的苦闷在于不认同上级的领导方式，但短期之内又无法改变。

 练习 1：关于情绪的自我觉察

对自我情绪的觉察，不仅是人们有效管理情绪的基础，更是人们理解他人感受、培养与发展自己同理心的基础。可以按照以下 3 个步骤进行练习，逐步提升对自己情绪的觉察能力。

请回忆最近一次最强烈的情绪体验。

第 1 步 命名

我的情绪是：

第 2 步 定级

这个情绪的强度是：

第 3 步 尝试了解情绪的源头，为情绪建立意义

引发情绪的事情是：

这件事为什么会引发情绪：

假如你可以每天坚持做这个练习，一段时间之后，你会发现，你对于自我情绪的觉察能力会越来越强。你的目标是，在情绪产生的那个时刻，第一时间变成自己情绪的旁观者。

4 【情绪管理】
锻炼快乐的肌肉

↗ 小扬故事的 B 版本

还记得在 3【情绪觉察与接纳】中关于小扬的故事吗？你可以翻回去再读一遍，然后接着来看另一个完全不同的结局。

当林琳坐在小扬旁边指指点点 10 分钟以后，小扬的内心是烦躁的。他提醒自己，先做完手头的工作再说。

于是，小扬按照林琳的指点改完了方案。

晚上回到家，小扬对白天的事情还是觉得不舒服，他反思了一下，最近和林琳的互动一直不是很顺畅，到底是哪儿出了问题呢？他准备找个信任的人来请教一下。

周末踢球时，小扬又遇到了他的上一任上级兼校友大鹏。踢完球，小扬主动找到大鹏说："大鹏，晚上一起吃饭吧？"大鹏答应了。

在饭桌上刚坐下，大鹏就问："最近怎么样啊？跟林琳配合得还行吗？"

小扬叹口气说："哎，一言难尽。"

大鹏好像什么都知道似的没再往下追问，而是给小扬讲了当年和林琳不打不成交的故事。原来，大鹏和林琳当年在一个部门工作过，两人年资相当，也经常在不同的项目上作为搭档共同工作。一开始，两个人的合作并不太顺畅，大鹏做事风风火火，效率高，但不太关注细节，林琳认真严谨，但有的时候又在一些细节问题上花了太多时间，反而影响了进度。大鹏总是着急，心里埋怨林琳太磨叽，耽误事，两个人还在部门会议上发生过几次小争执。他们的直接上级看出了他们的问题，开始帮助两个人提升合作的效率，一是根据两个人的能力特点和性格特点来进行分工；二是引导两个人关注对方的优点，注意自己的问题。一段时间下来，两个人慢慢找到了节奏，成了部门里的黄金搭档。

听完这段故事，小扬若有所思，对大鹏说："我大概理解你想表达的意思了，就是让我多看林琳的优点，对吧？想想也是，林琳的专业能力我其实是非常佩服的，有好几次她一下子就能指出我报告里的关键问题，真的对我挺有启发的。可是，她有时又这么抠细节，我是真心有点受不了。"

大鹏说："我想表达的意思，你领悟到了一半，其实还有另一半意思。你来想想，咱们部门的同事里，你和谁合作比较顺畅？"

小扬想了想说："其实都还可以吧，卷卷、小米，还有大王，虽然每个人工作风格和能力特点都不一样，但大家都很认真负责，遇到问题也都能一起找办法解决。"

大鹏说："对，所以说，好搭档其实并不一定都是一个模子刻出来的，我觉得你特别棒的一点，就是在跟不同的工作搭档沟通时都能找到最适合他们的方式。我刚毕业时，跟你比还差点。那你觉得，好上级应该都是一样的吗？"

小扬恍然大悟："嗯，这就是我苦恼的根源所在了！我从一毕业就跟着你，脑子里总认为好上级就应该是你这个样子的，所以碰到林琳，就总觉得哪儿都别扭。"

大鹏哈哈一笑："行了，就别夸我了。"

小扬说："我是真心的。不过我明白你要说的意思了，上级和上级是不一样的，我不能用自己固定的标准要求他们。"

大鹏点点头："对，不过好的中层管理者总有一些共同的特点，如在专业上能给下属指导，关注下属的成长，能够为整个团队的绩效负责，你想想看，林琳有这些特点吗？"

小扬想了想，回答说："有，你说的这些林琳都符合，她也挺关心我的个人成长的，上周还推荐我去参加公司人力资源部组织的一个培养项目。"

大鹏说："对，在这个基础上，不同的管理者也会有不同的沟通风格，如果你在短时间内不太适应有些沟通方式，这时，你可以思考两个问题。第一，有没有绝对完美的上级？第二，到底是你需要适应不同风格的上级，还是上级要适应你？

小扬说："嗯，先说第一个问题，肯定没有完美的上级，但上级总有好和不好之分，这么想想，林琳不算个典型的好上级，但也不算差。"

大鹏笑了，然后说："那第二个问题呢？"

小扬说："那肯定是下级应该适应上级，谁让他们是上级呢！"

大鹏摇了摇头，说："这个倒不是，我觉得上级和下级都有义务和责任适应对方，管理者应该根据不同下级的特点来调整自己的管理风格和沟通方式，同样，下级也要学习适应不同上级的风格。毕竟，你的职业生涯很长，不可能总是碰上一个类型的上级。作为下级，虽然没办法要求上级一定要适应自己，但最好的选择，是从自己做起，学着找到和上级沟通的最佳方式，你觉得呢？"

听完这段话，小扬的心里豁亮起来，那个感觉，就像前阵子看《三体》一样，当看到书中所讲的从三维空间进入四维气泡时，看到的世界和以往完全不一样了。回想过去两个月和林琳沟通的经历，小扬的思维模式是："作为上级，你怎么能这样管下级？"他一直在内心评判和要求林琳，但从没反思过自己的行为，也没想过，需要调整的人其实也有自己。而现在，他突然跳出了原来的思维模式，当思考升维之后，对很多问题的看法也截然不同了。

之后的故事，其实就不用再多讲了，在大鹏的引导下，小扬摆脱了自己原来固化的想法，和林琳的磨合也越来越顺畅。当彼此的信任感建立以后，小扬也尝试着告诉林琳，什么样的沟通方式会让他更有干劲，林琳表示很愿意接受和改进，这让小扬受到了很大的鼓舞。

这一年的年终，小扬成为优秀员工，开挂的职场，从这儿开始了！

↗ 故事的背后

当小扬不再用抱怨或自我否定的方式来应对消极情绪时，他转而向自己信任的人求助，并因此获得了观念上的突破。

回顾小扬的故事，你觉得他的关键突破点在哪里？在剖析这个过程之前，先了解下著名的心理学家阿尔伯特·埃利斯的情绪 ABC 理论。

情绪 ABC 理论

阿尔伯特·埃利斯是美国最伟大的心理学家之一，他的情绪 ABC 理论及在此基础上创立的理性情绪疗法对于应用心理学领域有着深远的影响。

抛开学术层面，以下用简单的方式来解读情绪 ABC 理论。

A（Activating event）：激发事件，可以理解成生活中出现的任何一个客观事件。

B（Belief）：信念，即人们在对 A 进行认知和评价过程中产生的想法或信念。

C（Consequence）：结果，可以理解为产生的情绪及情绪带来的结果。

情绪 ABC 理论（见图 4.1）认为，情绪并不是直接由客观事件引起的，而是由人们对这个事件的认知或信念引起的。同一个事件，因为不同的认知，也会产生不同的情绪，从而带来不同的结果。

$$A \nearrow \begin{array}{l} B1 \longrightarrow C1 \\ B2 \longrightarrow C2 \end{array}$$

图 4.1　情绪 ABC 理论

因此，消极情绪的产生，往往并不一定是因为人们遭遇了什么事，而是因为人们认知这件事情的方式不同。

使用情绪 ABC 理论分析事件的示例如表 4.1 所示。

表 4.1　使用情绪 ABC 理论分析事件的示例

激发事件（A：Activating event）	信念（B：Belief）	结果（C：Consequence）
向同事求助，遭到了拒绝	他对我意见，也许我得罪他了	郁闷
	他没有团队精神	愤怒
	很正常，他自己也有工作要忙	平静

回顾不同版本的小扬的故事，同样可以用情绪 ABC 理论来解读（见表 4.2）。

表 4.2　用情绪 ABC 理论解读不同版本的小扬的故事

激发事件 （A：Activating event）	信念（B：Belief）	结果 （C：Consequence）
遇到林琳，对她的管理风格不适应。这一天她又在身后指指点点……	好上级应该像大鹏一样，而林琳不像大鹏，她不是个好上级。她怎么能用这样的方式来对待下级，太不应该了	愤怒、烦躁
	好上级应该像大鹏一样，林琳不像大鹏，她不是个好上级。可是我短期之内不能离职，我必须委屈自己和一个不好的上级相处	烦躁、委屈、憋屈
	好上级应该像大鹏一样，林琳不像大鹏，她不是个好上级，可是她是上级，我必须适应她。 我不应该愤怒，这种情况下愤怒是不成熟的表现	压抑自己的愤怒情绪，内心承受冲突
	林琳和大鹏的管理风格不一样，的确有些地方不如大鹏，但好上级并不一定都是大鹏那样的。 我应该尝试适应林琳的风格，适应不同风格的上级也是职场人必备的技能。 假如我不能适应，也许我可以尝试向林琳表达我的想法，看能不能改善我们之间的相处方式	化解消极情绪，自己做出调整和改变

| 职场中的非理性信念

触发人们消极情绪的，并不仅是人们遭遇了什么事件（A），而是人们所秉持的非理性信念（Irrational Belief，IB）。

当你遭遇别人不礼貌、不合理、不公平的待遇时，对方是对还是错是一回事，而你是暴跳如雷还是平静以待，则是另一回事。你可以选择生气，但一定要记得，这个情绪背后的原因包括你的信念，而不完全是对方的行为。所以，要学习对自己的情绪负责，可以从剖析及转换自己的非理性信

念开始。

根据情绪 ABC 理论可以得出，常见的非理性信念有 3 种不同类型：绝对化要求、过分概括、过分夸大糟糕的结果。

1. 绝对化要求

人们可能从自己的意愿出发，认为有些事必须要发生，或者必须不发生。这些要求有可能是针对其他人的，如男朋友必须无条件地对我好；也有可能是针对自己的，如我必须让周围的人都喜欢我。

无论是对他人还是对自己，绝对化的要求都是一种苛求，当人们秉持着"某些事情必须发生或不发生"的信念时，一旦现实情况和预期不符合，消极情绪就会出现。

以下为一些在职场中可能出现的"绝对化要求"，你可以对照此自检一下，看自己是否有这些想法。

对别人的要求

非理性信念：老板必须公平对待每个人。

其实：绝对公平几乎不可能实现，老板应该努力做到公平对待所有下属，但有时无法照顾到每个人的感受，也是可以被理解的。

非理性信念：我提出要求时，同事应该积极地响应我。

其实：每个人都有自己的职责，从他的角度判断，这件事可能没有我所认为的那么重要，所以，不积极响应也是正常现象。

非理性信念：我这么努力，别人应该认可我。

其实：大家都很努力，别人认可我是因为我能创造价值，而不是因为我努力。

对自己的要求

非理性信念：我必须成功，不能失败。

其实：谁都有可能失败，要求自己用心和努力，但也需要能承受失败。

非理性信念：这次职级评审我一定要过。

其实：每次职级评审的通过率都不是 100%，我如果不能通过也是正常的，下次可以再来。

非理性信念：我是个成熟理性的人，我不能有消极情绪。

其实：每个人都有消极情绪，不评判和压抑自己的情绪才是化解情绪的开始。

2. 过分概括

人们有可能以偏概全，把"有时"会发生的事概括化为"总是"发生的事，把一个特殊的事件概括成一个普遍的事件，从而给自己带来困扰。例如，不小心扭了脚，于是想，为什么我总是这么倒霉，越想越郁闷。男朋友约会迟到了，于是想，他一点都不重视我，所以才迟到，然后整顿饭吃得都意兴阑珊。

在职场中，过分概括的非理性信念可能表现如下。

非理性信念：老板说话太不留情面了，好老板应该照顾下属的情绪，我老板不好。

其实：说话直接和说话委婉不是老板"好"或"不好"的唯一判断标准，另外，也许有的人会喜欢说话直接的老板，只是我不喜欢而已。

非理性信念：我这件事没做好，我太没用了。

其实：一件事没做好，不能说明我是没价值的，我对自己的能力有信心，下次再想想怎么改进。

3. 过分夸大糟糕的结果

人们可能从一件糟糕的事情开始延伸，设想因此而引起的更糟糕的结果，过分地夸大负面结果。例如，我考不上大学，一切就全完了，我这辈子不会有什么前途了。

在职场中，过分概括的非理性信念可能表现如下。

非理性信念：这件事是这个项目中最关键的一环，结果出岔子了，这个项目全完了。

其实：的确很重要，但还可以想想怎么补救，也许最后不能达到百分之百

满意的效果，但可以尽力获得一个及格分。

非理性信念：这件事做砸了，老板肯定对我特别不满意，完了，估计我在这个公司没啥发展了。

其实：老板不会以一件事论英雄，这件事已经做砸了，再后悔也没有用了，还不如总结一下经验教训，避免下次再犯同样的错误。

▎升级信念，实现情绪管理

道理我都懂，可是我怎么知道我的哪些理念是不合理的呢？即使知道，我就是改不了，怎么办？以下介绍一个有步骤、有方法的工具，如果你可以经常按这个步骤练习，就可以逐渐具备良好的情绪管理能力。

第1步　觉察与接纳

及时觉察到自己的情绪，为自己的情绪命名、定级，并思考自己的情绪源自哪个事件（A）。

认可自己情绪的合理性，而不是否定。

第2步　寻找情绪背后的信念（B）

思考自己情绪背后有着怎样的想法或信念，以及自己是如何来认知和评价这个事件的。答案可能不止一条，都列出来，甚至可以写下来。

想一想，这些信念是否具有非理性信念的特征：绝对化要求、过分概括、过分夸大糟糕的结果。有些信念甚至可能符合其中两个特征。

第3步　反驳自己的B

想要彻底反驳自己的非理性信念，可以尝试从不同的角度，使用不同的方法。埃利斯在他的理论中提出了3种方法，分别是现实性反驳、逻辑性反驳和实用性反驳。

以下依然以小扬的故事来做例子。

激发事件（A）：小扬遇到林琳，对她的管理风格不适应。

信念（B）：好上级应该像大鹏一样，林琳不像大鹏，她不是个好上级。

发现了吗？小扬的想法就体现了"绝对化要求"和"过分概括"的特点。绝对化要求体现在他用大鹏作为标准，要求上级都应该体现出和大鹏一样的管理风格，而"过分概括"体现在忽视了林琳的其他优点，因为林琳的某些特点就否定了她。

当人们作为旁观者时，就可以客观地发现小扬观念中的不合理之处，但假如你是小扬，在那个当下，很难一下子跳出自己的框架，这时，可以试着开始从 3 个角度进行反驳。

现实性反驳

从"客观现实"的角度来进行反驳，探讨这些观念在现实的生活或职场环境中是否真的成立。可以问自己："支持我这种非理性信念的证据是什么？它与社会现实相符吗？"

反驳：为什么说林琳不是好上级？证据是什么？与社会现实相符合吗？

回答：证据是"她在我背后指指点点让我修改文案"，她这个做法的确让我当时觉得不太舒服。但的确很难有上级能做到事事让下级满意，这个行为也不能说明她不是个好上级。

逻辑性反驳

从逻辑的角度对自己的观念进行反驳。可以问自己："我的信念符合逻辑吗？"

反驳：为什么说林琳不是好上级？从这样一个行为就能下这样的判断吗？这符合逻辑吗？

回答：从逻辑角度来说，从一两个林琳的特点出发，就得出这样的结论是不合理的。我需要综合她其他方面的表现来进行综合判断。

实用性反驳

从实用的、功利的角度出发，思考自己在这样理念的影响下，会有什么后果。可以问自己："持有这种信念的做法会把我带向何处？这对我有利还是有害？"

反驳：我觉得林琳不是个好上级，如果一直这么想，会发生什么呢？

回答：目前并不是离开公司的好时机，而我又觉得林琳不是个好上级，勉强自己还待在这个部门的这个职位，只能让自己越来越难受，甚至逐渐失去对工作的热情。既然这样，要么就离开，如果不能离开，那就需要调整自己对林琳的看法，或者尝试沟通，看是否能改善我们之间的沟通模式。

第4步　学会向合适的人求助

自我反驳有可能依然让自己陷入迷茫和纠结，那一定要学会及时向其他人求助，而不是自己反复"咀嚼"自己的消极情绪。

求助不是抱怨，两者之间的区别如下。

抱怨者认为引起自己情绪的人是那个做错事情的人："他这样对待我，导致我有了现在的情绪，他应该对我的情绪负责，我通过抱怨，期望获得第三者的认同。"

求助者认为，别人做错了事情，不是因为自己的情绪，或者情绪不是唯一原因，而是因这件事情与自己的认知共同引发了自己的情绪，自己应该对自己的情绪负责。你通过向第三者求助，期望第三者能够指出你理念上的误区，帮助你解决问题。

B 版本故事中的小扬及时向大鹏进行了求助，而你，也要试着找到自己的职场贵人，在必要时，向他人求助。

第5步　建立有建设性的新信念

无论是自我辩论，还是求助于他人，最终的目的是形成新的、有建设性的信念，当这个信念出现时，你不仅可以摆脱消极情绪，还会激发出更有建设性的行动。

小扬在大鹏的帮助下对上级和下级的互动关系有了更深刻的认知，他意识到"每个上级都有自己的风格，不能用大鹏的风格来绝对化地要求和评判每个上级""不仅上级需要适应下级，下级也需要调整自己的沟通方式来适应上级"。这些都是有建设性的新信念，在这些信念的帮助下，他有了建设性的行为，并最终达到了目标。

┃ 锻炼快乐的肌肉

使用情绪 ABC 理论来进行情绪调节，可以把这个过程比喻为"锻炼肌肉"，之所以有这个类比，有以下两个原因。

第一，肌肉不是一朝一夕形成的，而是需要在一定步骤和方法的指导下进行持久的训练，而情绪管理也是一样。偶尔用一次情绪 ABC 理论，即使步骤和方法再严谨，也未必能完全解决当下的问题，而长期练习之下，你才更能体会到它的作用。

第二，肌肉是有力量的，而思维和信念同样有力量。如果你习惯性地使用情绪 ABC 理论的这个步骤来探究情绪背后的信念，你会逐渐建立属于自己的合理观念，再遇到之前让你有情绪波动的事情时，你会坦然应对，一笑置之。这才是人们更期望的境界。

如何锻炼？建议你按照练习 2 提供的格式，每周完成一次表 4.3 的填写。表 4.3 引自阿尔伯特·埃利斯的书《无条件接纳自己》，它将带领你完成前面介绍的几个步骤。

现在，请翻开练习部分，获得更多锻炼快乐肌肉的指引。

练习2：情绪管理自助表

试着回想最近一次遭遇到的消极情绪，这个情绪可能是焦虑、愤怒、羞愧、嫉妒、伤心、内疚……完成表4.3。

表4.3 情绪管理自助表⑤

A（诱发性事件）

简单总结一下令人感到不安的局面，带着观察者的视角描述

IB（非理性信念）

为确定非理性信念，请寻找
- 教条的绝对化的要求
- 过分概括的想法
- 过分夸大的糟糕结果

D（反驳非理性信念）

反驳时，请问问自己
- 支持我这种非理性信念的做法会把我带向何处？有利还是有害
- 我的信念符合逻辑吗
- 支持我这种非理性信念的证据是什么？与社会现实相符吗
- 情况真的糟糕到极致了吗

C（后果）

主要的、不健康的消极情绪：

主要的非建设性的行为：（宣泄、抱怨、压抑等）

E（有效的新理念）

E（有效的情绪和建设性行为）

---

⑤ 阿尔伯特·埃利斯. 无条件接纳自己[M]. 刘清山，译. 北京：机械工业出版社，2017. 引用时有调整和删减。

5 【情绪管理】
消极情绪也可以有正能量

↗ **A 版本的故事**

罗毅最近的心情真的是糟透了。事情还得从两个月前说起。

罗毅是一家广告公司的客户经理，他所供职的广告公司的主要业务范围是户外媒介投放，而他的职责是为大客户提供全流程的服务，包括需求确认、方案提报、合同签署、设计交付、投放跟进和应收账款回收等。

两个月前，罗毅的上级，也就是客户总监吴总，拿下了一个重点客户，这个客户是行业里的 Top3，每年的投放预算非常大。吴总把这个客户分配给了罗毅来跟进，罗毅信心满满地跟吴总拍了胸脯："您放心，肯定把这个客户跟好。"

然而，罗毅没想到，这个重点客户的第一次投放就出了岔子。

当时，客户这边的户外灯箱广告投放排期马上就要到了，但设计稿迟迟定不下来。罗毅一直在催客户方的对接人李菲："印刷制作需要 5 天的周期，再不定稿就来不及了。"终于，在截止日期的下午，李菲终于通知罗毅，设计稿确定了。

根据公司的客户合作流程，所有的设计稿交付印刷制作之前，需要把打样稿交给客户方，由客户方的总监签字确认后才可以开始制作。罗毅拿到设计稿后马上让印厂打了样，然后带到客户公司确认。不巧的是，客户方的总监家里有急事，要第二天才能从外地赶回来。李菲也挺着急，她跟罗毅说："我跟总监电话确认过了，他说没问题，但字需要明天才能签，可明天再下印厂就来不及了，先下吧。"罗毅觉得不太放心，说："那万一总监回来看到打样觉得有问题怎么办？"李菲说："这样吧，我给你发个确认邮件，咱们还要以保障进度为准，别太拘泥于流程，如果到了投放日，制作物出不来，这责任咱们也承担

不起啊。"

罗毅觉得李菲说的有道理，而且，这种事情以前也遇到过，流程是流程，但关键时刻也得有灵活性。于是，罗毅在收到李菲邮件后又电话请示了自己的直接上级吴总，吴总也口头同意了，他就通知印厂进入制作流程了。

万万没想到的是，客户方的总监从外地回来看到打样以后，真的看出了问题。总监说产品的照片有轻微的偏色，导致有些失真，必须调整后再重新制作。可是，印刷厂那边早就已经上生产线了，重新制作产生的成本，到底谁来承担？

事情进入了扯皮阶段。罗毅拿出李菲的确认邮件，但客户方说，根据规定，必须有总监签字确认，李菲的邮件不具备效力。罗毅百口莫辩。

最后，吴总出马摆平了客户，损失由甲乙双方共同承担，也协商好了后续的解决方案。然而，该追的责还是要追。在吴总的办公室里，他拍了拍罗毅的肩膀，说："说心里话，我知道这事不能完全怪你，我也有责任，我会承担我的责任，但你也得接受一定的惩罚，不然这事对上面也没办法交代。"于是，罗毅当季的奖金自然是泡汤了，这家重点客户也从他的手里交到了其他同事的手中。

走出吴总的办公室，罗毅的心里觉得无比的憋屈，他觉得自己没有错，可是凭什么要接受这样的处罚？自己尽职尽责，也是为了客户着想，还电话跟吴总沟通过，可最后却要面对这样的结果。这不公平！这口气到底要怎样才能咽得下去？要不要辞职？这工作还能干吗？

↗ 故事的背后

罗毅有错吗？坦白说，在这个故事里，罗毅并不应该承担主要的责任，但他的确成了甲乙双方博弈的牺牲品，也就是人们常常说的"背锅侠"。

在工作中和生活中，人们有时会遭遇一些在所有人看来都是值得同情的事情，失恋、和亲人的分离、工作场合被人误解、遭遇不公平的待遇、被迫去背不属于自己的"锅"、去填不是自己挖的"坑"……这些事都会引发人们的消极情绪，而这些情绪背后的信念看起来似乎并不是"非理性信念"，难过、委屈和伤心是人之常情。

那么，在这些时候，应该如何应对这些消极情绪？情绪 ABC 理论的方法还有效吗？

为了回答上述问题，需要思考以下问题：

情绪管理的目的是消灭所有消极情绪吗？

消极情绪一定都是"不好"的情绪吗？

只想要"快乐"，这可能吗？

……

情绪管理的目的是消灭所有消极情绪吗

当然不是。为了进一步理解这个问题，先来讨论一下"积极情绪"和"消极情绪"这两个概念。

积极情绪和消极情绪分别是什么？完全可以按照字面意思来理解，积极情绪包含了高兴、愉快、兴奋、激动、喜悦等情绪，这通常是人们想要的情绪。在大多数情况下，积极情绪也会对人们当下要从事的工作带来积极的、正面的影响。消极情绪包含了悲伤、抑郁、愤怒、焦虑、紧张、恐惧等情绪，这些情绪可能对人们当下要完成的任务产生消极的、负面的影响，通常也是人们希望摆脱的情绪。

可是，积极情绪只会起到积极的作用吗？

当然不是，范进中举的故事虽然夸张了点，但也鲜活地告诉人们，乐极生悲的事件在生活中时时上演。所以，积极情绪让人进取和探索，帮助人们扩展视野、改善行为，但过分的积极情绪也可能让人们忘乎所以，适得其反。

同样，消极情绪也不是只会起到消极的作用。

恐惧能让人集中注意力，处于防守状态，从而避免遭遇危险；厌恶是人们趋利避害的本能，从传染病学角度来看，它能帮助人们避开生病的人、污染的水、体液和其他一切能够引起人们"反感"的东西，从而对人们起到保护作用；愤怒，在关键时刻能够激发自尊自强，带来大的能量。

所以，消极情绪不一定都是"不好"的情绪。而情绪管理的最终目的，从来都不是消灭消极情绪，而是要把消极情绪控制在相对合理的范围内，并充分利用消极情绪产生的积极作用，尽可能减少它们带来的破坏作用。

只想要"快乐"，这可能吗

《积极情绪的力量》的作者芭芭拉·弗雷德里克森在她的书中提到过一个有趣的论点。她认为，积极情绪和消极情绪的比率有一个临界点，这个临界点是3：1。当一个人的积极情绪和消极情绪的比是3：1时，人的状态是最积极向上的。当积极情绪低于3，消极情绪高于1时，人会变得消极，但是，当积极情绪和消极情绪的比率超过11：1时，人反而会变得消极。

看来，只拥有"积极情绪"是不可能的，而且也并不是件好事。

假如人们没有感到过痛苦，又怎能体会快乐的意义？

没有感知过失去，又怎能拥有获得时的满足？

没有经历过迷茫困惑，又怎能体验到拨开重重迷雾时的释然？

所以，高情商人士也并不会期望通过情绪管理来消解所有的消极情绪，他们只是更擅长与消极情绪和谐相处，接纳它们、拥抱它们，甚至应用消极情绪产生的积极价值。

面对消极情绪的自我选择

一般来说，消极情绪本身有"破坏性"和"建设性"两种不同的作用。情绪 ABC 理论并没有办法帮助人们完全消除消极情绪，但可以帮助人们在破坏性的消极情绪与建设性的消极情绪之间做出选择。

情绪 ABC 理论实际上是帮助人们逐渐塑造人生智慧的一种方法论。情绪和人们经历的事情相关，但更加与个人的选择相关，人们没有办法完全控制自己会遇到怎样的客观事件，但当不利的事情真正发生时，自己要知道，虽然你遭遇了不公平的对待，但依然可以在以下两种情绪中做出选择。

选择 1：委屈和悲伤（"我希望这件事没发生过，我不喜欢它，但我可以试着接受，慢慢走出伤害的阴影。"）

选择 2：愤怒和郁闷（"你怎么能这样对待我？你们是坏人！你们对我做了坏事！"）

那么，请问，你要选择哪个？

哪个选择会让你更加拥有前进的能量？

无疑是前者。

当人们更深入地了解情绪 ABC 理论时，就会发现，它与佛教智慧也有相通之处。佛教中谈"因缘和合"和"放下执念"，也是在告诉人们，世事无常，接受那些不可改变的事情，学着放下执念，才能有更平和的心境和更开放的心态。

情绪 ABC 理论的创始人埃利斯曾经在一次专访中说："我认为中国文化有些地方和理性情绪疗法是相似的，因为佛教的一个核心观点就是承认这个世界和生活中一直都有痛苦存在，人们没必要喜欢这些痛苦，但可以建设性地接受它，从而不让自己那么烦恼，能够更好地处理问题。"⑥

▌让消极情绪激发正面的能量

美国神学家尼布尔写过一篇堪称 20 世纪最著名的祷告文之一，其中有这样几句："上帝，请赐予我平静，去接受我无法改变的。给予我勇气，去改变我能改变的。赐我智慧，分辨这两者的区别。"

细细读来，这句话的前半句"赐予我平静，去接受我无法改变的"，和佛教思想中的"因缘和合""放下执念"有着异曲同工之处，而后半句"给予我勇气，去改变我能改变的"却给了人们新的启发。面对消极情绪，当人们做出"理解和接受"这个选择时，并不表示人们漠然地接受了生活或命运的安排，人们依然可以被激发出积极行为和正面能量。当然，作为非基督徒，你可能认为没有上帝，真正能赐予你平静和勇气的，是

---

⑥ 阿尔伯特·埃利斯. 无条件接纳自己[M]. 刘清山，译. 北京：机械工业出版社，2017.

你自己。

当人们遭遇不公平待遇时，可以做出两种不同的选择，而在不同的选择背后，也会有不同的思考与行动。

选择 1：委屈和悲伤

"我希望这件事没发生过，我不喜欢它，但我可以试着接受，慢慢走出伤害的阴影。"

同时，这种悲伤也在提醒你，你可以做点什么来更好地保护自己？下次再遇到类似情况时，你怎样才可以最大限度地避免伤害？这就是悲伤所激发的积极思考与行动。

选择 2：愤怒和郁闷

"你怎么能这样对待我？你们是坏人！你们对我做了坏事！"

在这种情绪之下，你怨天尤人，消极逃避，在情绪泥沼中越陷越深。

再来看一个职场中的案例。假如你的同事在老板面前打了你的小报告，而老板在未经调查的情况下选择听信同事提供的信息，然后批评了你，但其实这件事情另有隐情。你的确被冤枉了，你会怎么做？

表 5.1 为运用情绪 ABC 理论进行事件分析时出现的两种不同的 B 和 C。

表 5.1　运用情绪 ABC 理论进行事件分析时出现的两种不同的 B 和 C

激发事件 （A: Activating event）	信念 （B：Belief）	结果 （C：Consequence）
被同事背后打小报告，老板相信同事说的话，责备了我	老板应该公平地对待每一个同事，凭什么随意就下结论，这样做太过分了	破坏性的情绪：愤怒
	老板的做法的确伤害到了我，但是他也有他的立场； 没有人能真正做到百分之百的公平； 每个人都有自己天然的倾向性，要在每件事情上都做到全面了解信息才下结论，这的确很难	建设性的情绪：委屈、伤心、警醒

当你选择单纯的愤怒时，你会被激发出破坏性的行为，去和同事争吵，或者暗地里搞破坏，或者愤而辞职。

而当你选择委屈和伤心时，你会冷静下来思考，要怎样和老板解释，让他改变对你的看法。而当你警醒时，你会提醒自己，未来要怎样做才能避免同样的事情发生。这些行动都是消极情绪带给你的正面价值。

同样，作为职场人，人们其实都在不同程度上利用着消极情绪带来的正面价值。

所以，在这本书中会尽量避免用"负面情绪"这个词，因为，并没有哪种情绪是完全负面的，焦虑、悲伤、害怕、愤怒，这些属于消极情绪中的情绪，只要你愿意，同样可以发现它们的积极作用。

当你看到周围的同事都很能干，而对自己不太满意时，你也许会觉得有一点焦虑。你会开始思考，你该如何培养自己的核心竞争力？你会在焦虑的驱动下自我充电，寻求学习与成长。

当你接到一个从来没有做过的任务时，你觉得有压力，会紧张，而适度的紧张能提醒你打起精神，去谨慎认真地面对当前的任务，调动各种可以利用的资源。这种紧张会激发出你自己都不知道的潜力。

当你在工作中未能实现预期目标时，你会觉得懊悔，这种懊悔能提醒你下一次多花一些时间和精力，尽量避免出现同样的错误。懊悔往往是修正自己的开始。

甚至当你的老板发火时，你觉得有一点恐惧，这也并不见得是坏事。因为恐惧这种情绪提醒了你，你已经触碰到老板的原则或底线，你需要反思自己了。所以，恐惧在很多时候也是你力图改变、突破自己的动力来源。

总之，消极情绪并不是洪水猛兽，情绪管理的目的也并不是要消除所有的消极情绪。体会消极情绪带给人们的启示与信号，拥抱与接纳已经不可改变的过去，面对未来做出个人的积极选择，才是人们面对消极情绪的正确姿势。正如正念减压疗法的创始人乔·卡巴-金所说："你无法遏制波涛，但你可以学会冲浪。"

> 我至今依然害怕跌倒，依然觉得跌倒很痛苦。但我会思考这种痛苦，并明白我将克服这些挫折，而且我学到的东西将主要用来面对挫折的反思。我已经基本上走出了为犯错而痛苦的阶段，而是享受从犯错中学习的愉悦。
>
> ——《原则》，瑞·达利欧

以下再来看看，罗毅的故事会不会有不同的走向。

↗ B 版本的故事

罗毅是一家广告公司的客户经理，两个月前，他接手了一个重点客户，他没想到的是，这个重点客户的第一次投放就出了岔子。

当时，客户这边的户外灯箱广告投放排期马上就要到了，为了赶制作周期，罗毅在没有拿到客户方的总监签字的情况下，就通知印厂开始印刷。结果客户方的总监在看到打样后又挑出了问题，导致所有制作物需要重新制作。虽然有一封对方的确认邮件，也有自己直接上级的口头同意，但流程规定必须有客户方总监签字才具备确认效力。所以，罗毅还是要承担相应的责任。

在罗毅直接上级吴总的办公室里，吴总拍了拍罗毅的肩膀，说："我知道这件事不能完全怪你，我也有责任，我会承担我的责任，但你也得接受一定的惩罚，不然这事对上面也没办法交代。"于是，罗毅当季的奖金自然是泡汤了，这家重点客户也从他的手里交到了其他同事的手中。

罗毅很郁闷，他觉得自己是站在客户的角度，替他们着急，替他们的利益考虑，才会做出这样的选择，没想到一番好心，却反而要承担这样的责罚。但自己的做法的确也突破了流程，重新印刷带来的成本损失也是真的，也不能说自己是完全被冤枉的。他暗自反思：谁还没有背过不属于自己的"锅"呢？事已至此，再郁闷也没有用。付出的代价就当是买个教训，还好只是损失一部分奖金，关键是要学会以后遇到这一类的问题时，到底怎么处理才是最合适的办法。罗毅在心里默默地规划接下来要做的事情。

第一，明天再去约一下吴总，向他请教，再遇到同类的事情，他建议的处理方法是什么。

第二，失去了一个重点客户，下周得赶紧盘点一下待开发的客户资源，看看有哪些潜力客户，下个季度要想办法把这块销售额追回来。

想明白了这些事，罗毅也觉得心里踏实多了。

 练习 3：寻找消极情绪的建设性意义

回想你上一次在工作场合体验到的消极情绪，并回答以下问题。

（1）请参照 3【情绪觉察与接纳】部分中情绪觉察的内容，来给自己的情绪命名、定级，并建立意义。

（2）这个情绪导致了什么行为？是破坏性的还是建设性的？

（3）假如当时的情绪激发了破坏性的行为，你现在可以尝试用情绪 ABC 理论做一下转换吗？是否可以转换为有建设性意义的消极情绪？请写下来。

（4）这个有建设性的消极情绪会激发出你怎样的行动？

6 【情绪急救】
哎哟，我这暴脾气

↗ A 版本的故事

方克是个耿直的小伙子，工作一年多，在市场部负责平面设计，他的专业能力很不错，干活也卖力，老板和同事们也都挺喜欢他。

这一天恰好是公司一个重要产品的市场发布会，整个部门的人几乎都去了活动现场，只有设计组的方克和另一个同事在公司。

午饭时，方克突然接到了晓希的电话。晓希是市场部的活动执行专员，也是方克平时中午吃饭时的小伙伴，除了工作中的合作，私交也不错。晓希火急火燎地打电话过来，是要交代他帮个忙。

晓希是这么说的："有一个重要的合同，我们内部审批流程刚刚走完，对方也已经盖好章快递过来了，对方要求今天必须盖好章再快递给他们，他们只有见到合同才会将物料发货。方克，拜托了，帮我去楼下的收发室拿一下刚刚邮寄过来的快递，然后去找财务的同事给合同盖个章，把其中一份快递回去就可以了！"

方克从来没在公司走过合同流程，不过听晓希说的意思就差最后一步了，感觉也不复杂，就满口答应了下来。他去收发室取了合同，直接拿到了财务部，打听了一下负责盖合同章的同事是哪位，然后直奔过去。

可事情并没有想象中顺利。

方克把两份合同递过去，说："麻烦您，需要盖一下合同章。"

那位负责合同盖章的同事只瞄了一眼，连手都没伸，就说："手续不全，拿回去补齐了再来。"

方克愣了一下，追问了一句："啊？缺什么？"

那位同事回复得特干脆："你第一天来啊，没见过你这样的，拿着两份合同就过来了。新员工入职培训没学过合同审批流程吗？公司制度没看过吗？问我缺什么，回去自己查查公司网站上的制度。"

方克拿着合同带着一肚子气转身回到了市场部，一边走一边嘀咕："我就是一个帮人跑腿的，我当然不知道了，跟我这耍什么横啊。"

生气归生气，事情还得办。方克又拨通了晓希的手机，把经过说了一遍。晓希听完连声道歉，说："不好意思啊，我忘了告诉你了，需要在合同前面附上一个打印的审批单，那个单子我马上发邮件给你，你帮我打印出来附上就可以。"

于是，方克打印了审批单，附在合同上，又去了财务部。

这一次，那位负责合同盖章的同事把合同拿了过去，翻了两下，又甩了出来，说："没角签，去签了再拿回来。"

"啊？什么？什么叫角签？"方克心里已经非常烦闷了。

"合同金额超过 50 万元了，必须有部门总监角签，就是每一页的页脚都要签个名。"旁边不知道什么时候多了一个同事，应该也是来盖章的，他好心地小声提醒方克。

方克明白过来，于是跟财务部的同事说："我们部门的总监不在，整个部门都出去做发布会了，今天回不来，合同又必须今天快递出去，怎么办？"

"那你们早干什么了？非要等到今天？"

方克被抢白后，沉不住气了："你跟我嚷嚷什么呀？能不能好好说话啊？我也是替别人办事，我哪儿知道盖个章还这么麻烦。"

财务部的同事当然也不甘示弱："我管你是不是替别人办事，只要是你办，就要知道公司的制度是什么。要都像你一样，什么都不知道就跑过来，我们整天还得给你们解释制度，我们还干不干活了？你耽误自己时间我们不管，你别影响我们工作，你看，后面还有人等着盖章。"

在方克的职场生涯中，还是第一次被人这么数落，再加上来来回回折腾了一个多小时，什么都没干成，心里一股小火苗来回地窜。

他拿过合同扭头就走，到了财务部门口，觉得心头憋屈得很，于是把合同使劲甩上了财务部的大门。

只听一声巨响之后，又是哗啦啦的声音，原来，门边的花架上有个花瓶，本来放的有点歪，这么一震，竟然掉在了地上……

故事发展到这儿，已经远远地超出了方克的预料，也远远地超出了他能够收拾的范围。虽然他并不是有意的，但花瓶的确是因他而碎的。于是，整个事情看起来像极了一场闹剧：方克受同事之托来财务部盖一个章，结果章没有盖成，还恼羞成怒地砸坏了人家一个花瓶。即使不考虑这份合同今天邮寄不出去会有什么影响，方克也依然不知道，明天他应该怎么面对自己部门的老大，他也不知道，以后公司的同事会怎么看待他……

↗ 故事的背后

方克到底出了什么问题？你觉得，他的行为是可以被理解，甚至被同情吗？

在这个故事里，方克是可以被理解的，但作为一个职场人，他有两点做得不够好。

第一，他在受人之托时，把事情想当然地看得简单，没有深究到底怎样才能把这件事做成。当然，作为一个设计人员，这不是他的本职工作，而且拜托他做事的晓希，在交代事情的方式方法上也有需要改进的地方。

第二，也是最致命的，方克没有在关键时刻管理好自己的情绪。就那么一刹那，在愤怒的情绪之下，一个甩门的动作，改变了整个故事的走向。

回想一下你的职业生涯，或者在生活中，有没有也和方克一样，在愤怒情绪的驱使下做过让自己后悔的事，或者说过让自己后悔的话？你也许想过，情绪 ABC 理论能帮你锻炼快乐的肌肉，可并不能在短时间内帮你化解愤怒。生气时，哪还能顾得上寻找非理性信念和自我辩论啊！这天生的"暴脾气"，没救了！

其实，"暴脾气"这件事，固然和先天的因素有关，但也有一些对付

"它"的小技巧。以下来探讨如何在愤怒之下做情绪急救。

情绪背后的生理机制

在讨论如何对付"坏脾气"前，先来了解情绪产生的生理机制。

在人类漫长的进化史中，人们的大脑也在不断发生变化。脑干是大脑最原始的部分，在脑干的基础上，大脑发展出充满沟回与褶皱的皮层。

作为大脑最原始的部分，脑干在整个大脑中只占了非常小的比例，这块小小的区域的上端，有一个杏仁状的区域，被人们称为杏仁核。而在杏仁核的周围，还有梨状皮层、扣带回、脑岛、海马回等区域，这片区域环绕大脑两半球内侧形成了一个闭合的环，因此被称为边缘系统，这里是人们的情绪中枢。

边缘系统在人类生命的早期就开始发挥作用，婴儿时代的人们，饿了时哭，冷了时哭，尿完感觉到潮湿时哭，看到爸爸妈妈熟悉的脸时笑，这一切反应都来自边缘系统所产生的情绪。

边缘系统会给人们带来情绪反应，情绪又会直接引发一定的行为，整个过程并没有理性的参与，这个系统被心理学家们称为"行动"系统[7]。

除"行动"系统外，人们的行为更多的时候受到了"知性"系统的影响。知性系统通过大脑中的额叶部分发挥作用，负责对更高级的认知型信息进行处理。但是，知性系统的发展乃至成熟是在人们 4 岁左右时才开始的。

一般来说，从人类进化的角度来看，主导情绪的边缘系统比主导理性的认知系统更早出现；而从个体由婴孩成长为成熟个体的角度来看，边缘系统也会在人们生命的更早期就开始发挥作用了。这就不难理解，为什么在很多时候，人们总会在第一时间被情绪所左右与支配，冷静下来以后才会用理性进行利弊分析，这本来就是人类的本能和最自然的反应。

---

⑦ 科里·帕特森，约瑟夫·格雷尼，大卫·麦克斯菲尔德. 影响力 2[M]. 彭静，译. 北京：中国人民大学出版社，2008.

作为一个职场中的成熟个体，人们完全可以理解"被情绪影响是人之常情"这个观点，但并不表示，人们应该完全放任自己的行为被情绪左右。一个被情绪左右的人，就好像他的认知系统被他的"杏仁核"所挟持了，你愿意让这个负责理性分析与决策的认知系统轻易被劫持吗？当然"不"。

逃离杏仁核挟持的三步走

第1步 觉察

做自己情绪的观察者，具体分析可参照 3【情绪觉察与接纳】中的内容。对于愤怒情绪而言，有两种信号可以帮助人们更及时地觉察。

生理反应

在愤怒来临时，人们会脸色发红、身体出汗、呼吸急促、心跳加速，同时，人们的血液也在流向四肢，以至于人们会咬牙握拳、双肩发紧。

愤怒是种原始的情绪，所以，伴随愤怒产生的生理反应有点类似于战逃反应，也就是你在遇到危险情况下的应激状态，要么搏斗，要么逃跑，但无论是哪个选择，你的身体都已经做好快速行动的准备，肾上腺素和去甲肾上腺素等化学物质会在体里激增。

留意观察自己的生理反应，这些都是有助于人们进行情绪自我觉察的信号。

找到自己的情绪触发点

情绪触发点的英文是"Trigger"，也就是"扳机"，这是个很形象的比喻，当人们遇到某些特定的事件时，就好像人们的情绪扳机被触发了，愤怒马上出现，这些特定的事件就是人们的情绪触发点。

每个人都有不同的愤怒情绪触发点。如果你花点心思观察自己的上级或同事，你就会发现每个人都会在某些特定情况下容易愤怒。例如，有些人特别忍受不了自己的专业性被质疑，有些人面对别人的拖沓会非常容易发火。我还曾经有一个同事，最受不了的是看到下属交上一份配色毫无审美可言的 PPT 文件。

你还可以通过回忆和自我观察去发现自己的情绪触发点。如果你了解了自己的触发点，当此类事件发生时，你会马上意识到"啊，我要生气了"。于是，你对自己"愤怒情绪"的觉察会更加及时，也会更有可能及时提醒自己先冷静下来，别在愤怒和冲动情绪下贸然行动。

第 2 步　暂停，给自己 6 秒的时间

当你能够觉察到自己正处在愤怒的情绪中之后，你要做的就是"什么都别做"。这时给自己一个 6 秒的空当，什么话也先别说，什么动作也先别做。

为什么是"6 秒"？根据心理学家们的研究，在大多数时候，人们做出的行为反应和决策都是在行动系统和知性系统两个系统共同作用下的结果。但是，负责情绪的行动系统的反应速度会比知性系统更快，研究表明，行动系统的反应比知性系统会快出大约 6 秒。也就是说，当人们遭遇触发愤怒的事件时，有大约 6 秒的时间，人们会完全听从行动系统的指挥，6 秒之后，知性系统才会开始发挥作用。

在有些情况下，反应更为快速的行动系统为人们提供了趋利避害的本能。例如，当你走在马路上，看到一辆失控的自行车向你冲来时，你的行动系统马上发挥作用，你根本来不及想这时怎么逃避是最稳妥的选择，就已经在恐惧情绪的作用下向着某个方向逃开了。在这个情境下，如果你要等着调用自己的知性系统，看着冲来的车子站在原地，回忆高中时的物理知识，根据这个车子目前的速度和质量，计算撞上自己时到底冲量值有多大，再来决定是否要闪躲。那么，毫无疑问，你会发生"悲剧"。

然而，你在职场中每一个被激怒的瞬间，直接听从行动系统的安排同样有可能带来"悲剧"的结果。方克扭头就走，使劲甩门，这时他的大脑应该也正在把血液推向四肢，心率和血压都开始升高，这些都是行动系统在发挥作用的典型表现。

当人们理解了两个系统的作用机制和反应速度的差异时，就可以不断地提醒自己，在被激怒时，先暂停 6 秒，什么都别做。假如你没办法控制自己什么都别做，那就试着，在心里从 1 数到 6。有可能在这 6 秒里，你在别人眼里会有点"呆"，没关系，至少你不会在情绪的支配下做出过激的举动，或者说出过激的话。

第 3 步　做出选择

暂停之后，你可以开始调用自己的知性系统，评估一下两个选择：表达自己的情绪，或者停下来。

什么情况需要停下来？ 当你判断出你多说或多做并无益时。典型的情况可能有以下几种。

对方不值得你讲理，或者根据你的判断，短时间内很难讲通。

方克面对的财务部同事，应该属于这种情况。继续和对方争执，只能让事情的进展被"卡"住，还不如换个角度努力。

对方不值得你介怀，或者他对于你实现真正的目标没有影响。

"路怒"其实就属于典型的这种情况，被别的司机"别"了一下，就一定要"别"回去吗？其实你会发现"别回去"并没有任何实际的意义，反而可能引发下一轮的争端，让你偏离当下的目标。

这时，你要想一想，我的目的是什么？是想快点到达那个目的地？还是跟那个"别"了我车的人较劲？

6 秒后你感觉自己还在气头上，那一定也要停下来。

不要在情绪冲动时轻易地行动，方克的行为就是教训，他只是想甩一下门表达愤慨，却没想到一个甩门带来了更多的麻烦。

无独有偶，就在我写这部分内容时，微信朋友圈里开始爆出一篇文章，大意是讲在一次视频网站行业的晚宴上，优酷的员工打伤了腾讯的一名员工。随后，双方开始口诛笔伐，纷纷表态，当然也有好事之人还原了事情的真相。

以下为"新浪科技"网站的报道节选。

真相：腾讯员工借酒辱骂 优酷员工怒而摔杯

昨晚的剧酷联合的内容发布会晚宴，朋友圈中很多朋友都去了现场，所以根据"前线报道"，小编对事件真实情况进行了还原。

据了解，在晚宴快到尾声大家都各自忙着 social 时，"优酷傻逼"的骂声从其中一桌传出来，此后类似的谩骂声不断，不时夹杂了其他人劝解的声音。大概过了几分钟，就听到砰的一声，似乎是杯子摔碎的声音，紧接着就有工作人员围到那桌，晚宴也就草草结束了。

据现场另一人员透露，为了避免发生冲突，面对辱骂，优酷的员工一开始选择回避，并未回应。但×某的辱骂也是相当难听，同桌的优酷员工×某就将手边的杯子摔在了桌上。后来才得知，虽然本意不是砸人，但是碎玻璃碴误伤了对方的下属。

本意不是砸人！但愤怒的情绪下，砸杯子这个举动，本来也许只是泄愤，但也造成了不可挽回的结果。

冲动情绪下，不要轻举妄动，冷静下来再去想应对措施。务必要谨记这个职场守则。

什么情况需要表达？当你已经不在气头之上，并判断出在当下那个情境，你需要让对方感知到你的情绪或你的诉求时，而且你需要通过表达进一步推动事情解决时，那么，就表达出来。但请一定注意，表达并不是宣泄你的情绪，而是要说出你的感受和诉求。

关于如何表达自己的愤怒情绪，本书第 2 部分还会有更详尽的介绍。

假如方克学过了拯救暴脾气的 3 个步骤，故事的结果会不会不一样？以下来看看 B 版本的故事。

↗ B 版本的故事

前面的部分与 A 版本完全一样，只是在关于"角签"的对话后，出现了另一个拐点。

......

财务部的同事当然也不甘示弱："我管你是不是替别人办事，只要是你办，就要知道公司的制度是什么。要都像你一样，什么都不知道就跑过来，我们整天还得给你们解释制度，我们还干不干活了？你耽误自己时间我们不管，你别影响我们工作，你看，后面还有人等着盖章。"

在方克的职场生涯中，还是第一次这么被人数落，再加上来来回回折腾了一个多小时，什么都没干成，心里一股小火苗来回地窜。

他拿回合同，想掉头就走。但心里有一个小小的声音提醒他说："先别走。我现在生气了，因为对方态度实在太气人了！可是，现在走了，事情办不成，还是耽误工作。"（这是方克的第1步，觉察。）

于是，方克先闪到一边，让后面的同事先办理，自己也先冷静一会。（这是方克的第2步，暂停。）

等后面的同事办完了，方克也想明白了，这时跟财务部的同事再掰扯和纠缠，也对事情没有帮助，不如求助一下别人。（这是方克的第3步，在刚刚纠结的事和人上先停下来，换个方式。）他跟着刚刚给他解释什么叫作"角签"的好心同事出了财务部的门，然后叫住他，向他咨询关于角签的具体要求。那位同事很有耐心地告诉他，金额高于一定数额的合同，必须有总监角签，这是公司的规定，确实没有办法减掉这个手续。不过，好心的同事突然说："你们总监开发布会的地方离这远吗？打个车过去请他签一下，不就解决了吗？"

真是一语点醒梦中人，方克按照同事的建议，先给晓希打了个电话说明情况，请她跟会场的总监沟通好，然后打车过去签了字，又赶回公司，终于在下班前搞定了盖章。

第二天，在市场部的总结会上，总监还专门点名表扬了方克，说他："主动协助同事工作，以部门大局为重，而且有应变能力，在没有角签的情况下及时赶到会场，搞定了整个流程。"从那儿以后，方克依然是那个在部门里受欢迎的小伙子，只是在面对突发事件时，更多了些从容。

练习 4：愤怒之下你会怎么做

有一天，你收到了来自合作部门同事的一封邮件，这封邮件措辞犀利，把之前一个双方合作项目延期的责任全部推到你的身上。这封邮件被抄送给了你的直接上级，他的直接上级，以及项目中的其他同事，还有你们整条业务线的总负责人！

你愤怒了。

"怎么能这么颠倒黑白呢 ？"

"怎么能这么推卸责任呢？"

"做人怎么能这么没底线呢？"

"该我承担的责任我肯定承担，但这明明不是我的责任，这个'锅'，我，不！能！背！"

于是，你毫不犹豫地用鼠标单击"回复所有人"，准备撰写一封措辞更为犀利，有理有据的邮件，反击回去！

等等，还记得"当你觉察到自己正处在愤怒的情绪中时，你要做的就是'什么都别做！'"这条原则吗？

那现在，请你应用本章节提到的拯救暴脾气的三步法，来实地应用练习一下。

第 1 步　觉察

试想你就是那个收到不公正投诉邮件的人。

感受一下，从哪些现象判断你在愤怒情绪之中？

如果给你的愤怒程度按 1~5 分来评级，你会评几分？1 分为有一点，5 分为极度。

第 2 步　暂停

现在你应该停止什么动作？

第 3 步　做出选择

冷静思考，你现在的选择是什么？停下来？还是表达你的愤怒和反击？

假如要表达，你的表达对象是谁？（写邮件给你的人，还是"回复所有人"？）

你的表达途径应该是什么？（回邮件？还是微信或电话先私下沟通一下？）

你的表达内容是什么？你表达愤怒的诉求又是什么？

✏️ 关于本练习的一些小技巧

在这个案例中，你遭遇了不公正的指责，的确需要表达愤怒，并合理反击，但对于表达的方式、途径、对象，都需要多一点思考。所以，务必还是要恪守"愤怒的时候选择什么都别做"的原则，因为你在气头上很难做出理性的决定，有可能说过分的话，或者做不恰当的事，把局势变得更糟糕。

当你冷静下来时，可以从以下角度思考。

● 假如要回复邮件，是不是一定要选择"回复所有人"？

这个问题没有标准答案，要根据事情的性质和当时的具体情境做判断，但在任何时候，"回复所有人"都是一个需要谨慎的选项。把一场口水大战暴露在整个项目组的范围内，还要让业务线总负责人看到，除非有特殊的原因，这个做法应该不是最好的选择。

● 需要马上回邮件吗？还是通过其他途径沟通？

这个问题同样没有标准答案。

在不同的公司有着不同的邮件文化，有些企业（特别是外企），习惯用邮件沟通大部分的工作；而在有些企业，习惯先用电话或微信私下沟通，再用邮件做一个正式的书面确认。你务必要根据你所在企业的文化与特点做判断。也许写邮件给你的那位同事直接用邮件推卸责任的方式已经欠妥了，你完全没必要再步其后尘。要知道，邮件作为可以留存的书面凭证，可以造成的影响和伤害，很多时候远远大过于冲口而出的过激语言。

- 假如写邮件，应该说些什么？

关于如何表达愤怒，可以参考 9【表达愤怒】的内容。

此外，还有一个小技巧。收到一封措辞犀利的甩"锅"邮件时，你有可能特别想当时就反击回去，你没办法停下来冷静思考，怎么办？写一封让你觉得大快人心的邮件，但是，不要直接单击"回复"，可以按"转发"，这时地址栏是空的。对着空的地址栏，先把邮件写完，写邮件的过程就是一个发泄的过程，写完以后再考虑要不要发。别小看一个空地址栏的缓冲，这段时间既可以让你的愤怒得到表达（但不会被别人听到或看到，不会带来破坏性的影响），也可以让你冷静下来，理性判断哪些话该说，哪些话不该说。写完再重读时，你也许就有不同的决定了。

早在非电子邮件时代，美国前总统林肯就曾经采用类似做法。美国南北战争期间，他曾经写了一封给下属米德将军的信。在写这封信之前，米德将军违抗了林肯的命令，一意孤行，导致了战场上的一次重大失败。林肯得知消息后非常生气，于是他提笔写下了一封措辞严厉的信函。然而，这封信并没有被邮寄出去，而是在林肯去世后才在一大堆文件中被发现。林肯的陆军部长，埃德温·斯坦东猜测林肯在写完信后经历了这样的心路历程："不管怎么说，事情已经过去了，这封信发出去又有什么用处呢？我是发泄了胸中的怨气，而米德呢？他肯定要竭力为自己申辩，激起强烈的不满情绪，自然也会指责我的不是，这样一来，势必损害一个指挥员的威信，最终会迫使他辞去军职。"于是，这封信成为一封并未寄出的信。

7 【情绪急救】
情绪反刍，你应该喊停

↗ A 版本的故事

夜深了，艾米却一直睡不着。

白天办公室里发生的那一幕在她的脑海里像放电影一样一遍又一遍地回放。

而每回放一遍，都只会让艾米更加纠结和懊恼。

事情的原委非常简单，艾米是销售部的助理，上周五她提交了一份本月的销售数据分析报告，这个工作艾米已经做得非常熟练了，她的老板，也就是大客户总监雷栋也对艾米的报告质量一直很满意。没想到的是，上周五的报告里有一个数据逻辑错误，艾米没有检查出来，而雷栋也没发现，他直接引用了这个报告中的数据参加了公司的月度管理会议。

结果这个错误在月度管理会上被雷栋的直接上级发现了，他直接就这个信息提出了质疑，而雷栋却无法合理解释。

会议结束以后，雷栋在销售部的会议上，当着十几个人的面狠狠地批评了艾米。艾米没控制住，哭了。

早就过了平时睡觉的时间，可艾米还是一直在翻来覆去地回顾整件事情。

她很自责，因为犯了这种低级错误，如果再给她一次机会，她一定会好好地把那份报告检查一遍。

对于雷栋，她有点愧疚，毕竟因为自己的错误让老板在整个公司的会议上丢了面子。但她也有一点怨恨，觉得雷栋当着那么多人批评自己实在是太不留情面了。

而在这些复杂情绪之外，更加让艾米难以释怀的是自己在会议室里的表现。

"为什么自己那么不争气，竟然当着全团队人的面哭了。"

"别人会怎么想？会不会觉得我特别受不得委屈？"

"哎，我是不是有点太玻璃心了？这么点打击都承受不了。"

"下个月 Lily 那边有个项目，本来她说让我负责一个单独的模块，我正好想借机会学习一些新东西，这下她会不会后悔，把这份工作分给别人？"

"这个季度马上就要做绩效回顾了，我会不会受影响？"

翻来覆去几小时，凌晨两点多，艾米才终于迷迷糊糊地睡着了。

闹铃响起时，艾米挣扎着醒来，觉得头昏脑涨，却不得不爬起来顶着两个大黑眼圈去上班。今天还有一堆数据要处理，有份报告也该交了，这种状态，能把这些活干好吗？

等待她的，还有更艰难的一天。

↗ 故事的背后

在艾米对于坏情绪的处理方式上，你有没有看到自己的影子？处理消极情绪有几种典型模式，包括直接反击、找人倾诉、压抑否定等，而艾米的反应则是另一种典型情况。她的情绪没有那么剧烈地爆发，但持续的时间长，而且愈演愈烈。

以下将介绍如何避免坏情绪的扩散与蔓延。

| 叠加出现的消极情绪

一般来说，情绪反应通常是人们对客观事件进行认知加工后出现的结果。

有时，人们在对客观事件进行认知加工后产生了消极情绪，又会接着对这些消极情绪进行认知加工，进而产生新的情绪，这种情况就是情绪的"叠加"。艾米在深夜里的百转千回，就属于这样的情况。消极情绪的叠加过程如图 7.1 所示。

图 7.1　消极情绪的叠加过程

　　反思自己的情绪本身不一定是坏事，在一定程度内的反思是一个自省的过程。但过于纠结和沉溺于之前出现的消极情绪，导致叠加出现的消极情绪持久又强烈，就是人们应该避免的状态了。这种情况，也被称为"情绪反刍"。

▌情绪反刍

　　食物反刍主要出现在哺乳纲偶蹄目的部分草食性动物身上，它们把没有来得及仔细咀嚼的食物储存在胃里，软化后再回到口腔，重新咀嚼并吞咽。

　　对于自己经历的消极事件或体验到的坏情绪，人们有可能进行反复"咀嚼"，这种处理方式被形象地称作"情绪反刍"。

　　动物对食物的反刍帮助它们有效汲取食物的养分，而人类对坏情绪的反刍却让人们吸收到情绪的毒素。

　　很多时候，影响你的并不仅是在生活中那些让自己不开心的事情，还有自己对待那个"不开心"的方式。如果你能够放下那件事和那个时间点的"不开心"，甩开肩膀大步往前走，你会发现，这件事情带来的影响并没有那么夸张。

　　可放下哪有说起来那么容易，更多时候，人们不可避免地反刍那个"不开心"。在反复的"咀嚼"中，人们回想和放大当时受到的伤害，重复体会当时的憋屈和不服，甚至幻想，如果再来一次，自己有没有可能换个更好的方式处理来避免伤害？当人们发现有更好的处理方式时，人们又进入懊恼和自责的情绪中无法自拔，开始埋怨自己，为什么自己当时不那样做？

积极心理学之父马丁·塞利格曼在《活出最乐观的自己》[8]中这样描述反刍这种状态："一般来说，女人看事情的方式正好是放大抑郁的方式。男人碰到事情会去做，而不会反复地想，但女人会钻牛角尖，把事情翻来覆去地想，去分析它为什么是这样。心理学家把这种强制性的分析叫作反刍。"

在这段话里，不难获得到这样的信息，相对而言，女性比男性更擅长"反刍"这件事。这也不难理解，为什么一对情侣或夫妻吵架以后，男性转过头就变成没事人一样，而女性还在气鼓鼓地耿耿于怀。不过，"反刍"这件事固然有着性别差异，但更多是个体的差异，无论是男性还是女性，都可以通过一些技巧和练习让自己有效走出反刍状态，恢复积极的情绪状态。

▎对情绪反刍喊停

当人们的身体受到伤害时，如手指被刀割伤，人们会快速止血，并把伤口包扎好，避免它暴露在空气中，这样才能让伤口快速地痊愈。而当人们体会到某种消极情绪时，就好像人们的心被伤害了，这时不断反刍情绪的人们在做什么呢？人们在做的就是反复打开包扎伤口的绷带，反复去捅那个伤口，再不断地告诉自己："我受伤了，我好疼。"这样做，对伤口的愈合会有帮助吗？当然没有，反而只会越伤越重，越来越痛。

如何对情绪反刍喊停？以下从两个角度来介绍。一是治标的办法，短期疗效好；二是治本的办法；长期收益大。

1. 治标——以最快的速度对反刍喊停

第1步　觉察，还是觉察

和对付暴脾气一样，第 1 步仍然是觉察。

有一句英文谚语说："Awareness is the 90% of the solution。"在管理情绪这个领域，不能说觉察意味着问题的 90%得到了解决，但至少，觉察应该是解决问题的基础和源头。

---

⑧ 马丁·塞利格曼. 活出最乐观的自己[M]. 洪兰，译. 沈阳：万卷出版公司，2010.

觉察有两个层次，第一个层次，是像一个观察者一样，觉察到自己处于一种负面的消极的情绪状态中：我现在愤怒了，我现在抑郁了，我正在不可遏止地反刍情绪。

第二个层次，是知道自己情绪产生的原因：我因为什么而愤怒，我为什么而悲伤，我为什么不可遏制自己糟糕的念头，我为什么不停"咀嚼"与反刍。

假如你才刚刚试着练习管理自己的情绪，那么，达到第一个层次的觉察在这个情境中已经可以有很大帮助了。

第2步 转移

当觉察到自己正处在情绪反刍状态之下时，可以试着对自己说："好了，停下来。"结果会怎样？多数人不仅不会停下来，反而会陷入更深的反刍中而无法自拔。

为什么会这样？美国哈佛大学社会心理学家丹尼尔·魏格纳曾经做了一个有趣的心理试验，他要求参与者尝试不要想象一只白色的熊，假如想到了，就请按响面前的铃铛。结果，实验开始后，整个房间里的铃声此起彼伏。而另一组参与者没有被要求"不要想白色的熊"，他们则很少会想到白熊的形象。

这个现象被称作"白熊效应"，也叫作"反弹效应"。当人们刻意地希望把注意力从一个关注点上转移开时，思维也开始出现无意识的"自主监视"行为，监视自己是否还在想那件不应该想的事情，结果，那件事情反而在人们的头脑中挥之不去。

你也不妨试试，闭上眼，不要去想白色的熊，不要去想。

怎么样？白熊的形象是不是几乎跃然纸上？

看来，"命令自己不要想"这件事多半是无效的。现在你可以试着想想一辆红色的甲壳虫小汽车。再闭上眼，想象一下，记得，是红色的甲壳虫小汽车。

这次怎样？白色的熊是不是消失了？

这就是对付情绪反刍的最快方法——转移。

不是命令或强迫自己不要想，而是做点其他能让你投入的事。看部快乐的电影、追一个搞笑的综艺、给自己做顿饭、摊开字帖临摹一幅字，总之，鼓励自己找到平时最享受、最容易投入的活动。郑秀文在《孤男寡女》电影中演过一个女主角，每次失恋时，就会躲在卫生间里打扫卫生，把地板和马桶刷得光亮如新。她刷得异常投入，甚至是享受，以此来对抗失恋带来的坏心情。在观众看来，这的确算一个怪癖。可从情绪急救的角度来看，这种消解坏情绪的方式可比很多人失恋时去酗酒、抽烟健康。所以，做什么并不重要，重要的是，当你全情投入这件事时，它带来的积极情绪体验能转移你的消极情绪。

2. 治本——从根源上解决问题

觉察和转移也许可以在较快的时间内缓解一定程度的情绪反刍的问题，但如果要从本源上解决情绪反刍的问题，还需要思考你应对消极情绪的最惯用模式是什么。是压抑、否定、接纳、放任，还是宣泄？

显然，当你无法接纳自己的消极情绪时、当你去评判自己的消极情绪时，情绪反刍是最容易出现的。所以，治本的方法，依然是要学着接纳。

以下可以用一个例子去体会，接纳为什么会有治愈的作用。

假如你看到一个小孩子在大声哭泣，让他最快停下来的办法是什么？如果你有过类似的经验，你会发现，呵斥他"不要再哭"其实并不奏效，假如你可以蹲下来轻轻地抱住他，告诉他说："我知道你很难过"，他反而会从号啕大哭渐渐变成小声抽泣。当他平静下来以后，再和他讨论怎么解决问题就容易多了。这就是对这个小孩子悲伤情绪的接纳。

一行禅师曾经在他的书中提到，人们每一种负面的情绪都像自己的孩子一样，你只有去接纳它，关照它，才有可能真正地与它们和平共处，进而寻求到内心的平衡。

回到艾米的故事，她之所以在深夜辗转反侧，一大半的原因是她懊悔于自己的失态，更担心这个失态的哭泣会给别人带来坏印象。她评判着自己在会议室中的悲伤，否定了这份情绪的合理性，并在这种评判之上产生了懊悔、郁闷等更多的消极情绪。

而再进一步追溯，艾米的情绪背后还有一个不合理信念，就是无限制地夸大哭泣这件事会带来的糟糕结果：

"别人会怎么想？"

"老板会不会因此而不再信任我？"

"同事会不会因此而改变主意，不再把那个项目分配给我？"

情绪 ABC 理论同样适用于这里，艾米可以尝试着寻找自己的不合理信念，通过自我辩论建立具有建设性意义的新信念。

情绪 ABC 理论可以帮助人们锻炼快乐的肌肉，可以从根源上增强管理情绪的能力。如果你的肌肉还没有锻炼出来，那就试着"转移"一下，先来治标。从短期来看，人们通过转移关注点来实现情绪急救；从长期看，人们要通过反复练习来提升情绪管理能力，这样会距离成熟理性的职场达人越来越近。

↗ B 版本的故事

艾米今天在部门会上被老板训了一顿。

事情的原委非常简单，艾米是销售部的助理，上周五她提交了一份本月的销售数据分析报告，这个工作艾米已经做得非常熟练了，她的老板，也就是大客户总监雷栋也对艾米的报告质量一直很满意。没想到的是，上周五的报告里有一个数据逻辑错误，艾米没有检查出来，而雷栋也没发现，他直接引用了这个报告中的数据参加了公司的月度管理会议。

结果这个错误在月度管理会上被雷栋的直接上级发现了，他直接就这个信息提出了质疑，而雷栋无法合理解释。

会议结束以后，雷栋在销售部的会议上，当着十几个人的面狠狠地批评了艾米。艾米没控制住，哭了。

晚上回到家，艾米开始琢磨白天的事，越琢磨就越难过。先是责备自己做报告时竟然没有认真检查，然后又后悔自己当时为什么没控制住，竟然当着全部门的人哭了，多丢人。

停，艾米意识到自己开始情绪反刍了！这么下去可不是办法。

艾米先给自己叫了个美味的外卖，然后打开电视看了会最爱的综艺节目，看着自己的偶像在节目里用智商和情商秒杀其他人，这个感觉简直太棒了。节目里有个平时非常优雅端庄的女明星，在面对高空骤降的挑战任务时吓得花容失色，落地的一刹那也全然不顾自己的形象，放声大哭。艾米看着哭得妆都花了的美女，突然觉得自己被治愈了。艾米想：在亿万名电视观众面前这么失态地哭一场，好像也并没什么大不了，我并没有因此而嘲笑她，反而觉得她挺真性情、挺可爱的，比那些总端着范儿的明星更接地气。

等节目看完，艾米已经从不可遏制的情绪反刍中解脱了出来。她安慰自己：多大点事啊，不就是在办公室里哭了一次嘛？别人应该都能理解。至于报告上的错误，的确是挺不应该犯的，明天再去跟老板道个歉，而且下次一定一定要再细心一些。

第二天是个阳光灿烂的日子，艾米穿了自己最喜欢的粉色连衣裙和白色高跟鞋去上班，电梯里，隔壁公司那个帅哥的目光好像在她身上停留了 n 秒。艾米在心里悄悄地对自己比了一个胜利的手势。嗯，今天的数据处理和报告撰写应该会很顺利。

 练习 5：用"三件好事"提升幸福感

除"情绪 ABC 理论"的练习方法之外，以下介绍一个小练习，这个练习可以帮助人们提升对生活的满意度和幸福感。练习的名字叫作"三件好事"，是由积极心理学之父马丁·塞利格曼提出的。在《持续的幸福》这本书中，他非常详细地介绍了这种方法，并讲述了很多人在实践之后收获的成效。

"三件好事"的具体操作方法非常简单,在每天快要结束时,写下这一天中让你觉得进展顺利、能让你开心的事情。这三件事可以是很小的,例如:

今天我的同事送给我一块特别好吃的芝士蛋糕,咬一口就觉得好有幸福感!

也可以是相对比较重要的,例如:

我的老板今天跟我谈了上个季度的绩效评分,我得了A!

在你所列举的每件积极事件之后,回答这样一个问题:"为什么这件好事会发生?"

所以,每天记录的完整版本大致应该如下:

今天我的同事送给我一块特别好吃的芝士蛋糕,咬一口就觉得好有幸福感!这件好事为什么会发生?因为她买蛋糕的时候想起我也爱吃,就帮我带了一块。

我的老板今天跟我谈了上个季度的绩效评分,我得了A!这件好事为什么会发生?因为我这个季度真的很努力,也找到了和老板保持一致节奏的好方法。

我今天顺利完成了给客户的项目方案,因为我今天用了上周培训课上老师推荐的番茄工作法,帮助我更高效地利用了时间。

看到这儿,你可能还对这个方法抱有疑虑,以下具体解答一下。

问题1:这个办法真的有效吗?我怎么觉得有点太刻意了?

从个人的感受而言,这个方法的核心在于帮助人们调整关注点。

当你有意识地发掘生活中那些不起眼的,但还算顺利的小事时,你会逐渐因为练习强化这种技能,最终形成自动化,渐渐地,你会对"小确幸"具备更强的感知力,觉得自己一直被"小确幸"所包围。

同时,在寻找"小确幸"时,你还不断问自己"为什么这件好事会发生?"这种练习帮助自己发掘哪些好的习惯、好的工作方式是可以带来幸福感的,进而也会让自己强化这些习惯和方式,从而渐渐形成一个正向的循环。

问题 2：这个办法怎么有点像自我催眠或阿 Q 精神？

假如你每天早上对着镜子说"我真美，我是最棒的"，一个月以后，你真的觉得自己变美了也变棒了，那我要告诉你，这个真的是自我催眠。

因为，"美"和"棒"这件事，其实是可以通过客观标准衡量的，你认为自己变美了，而在别人的眼里，可能并没有。

然而，"幸福"和"快乐"这件事是没有客观标准的，更多是自己主观的、内在的感受。一个月薪 50 000 元的人不见得比月薪 5 000 元的人感到更幸福，一个有很多女孩子喜欢的帅小伙不见得比一个单身汉感到更幸福。所以，这个方法是在帮助人们调整对幸福的主观感知，帮助人们更多关注生活中值得欣赏、值得感恩的事情，帮助人们提升寻找幸福感的能力，这同样也是在锻炼"快乐的肌肉"。

问题 3：这个方法对哪些人有效？

你需要感觉到纠结和痛，才有动力去实践。例如，A 版本故事中的艾米。很显然，她容易把更多的关注点放在消极的事情上，所以，这个练习可以帮助到她。

假如你现在已经觉得岁月静好，内心平和，也许这个方法对你已经没有显著的帮助了。

假如你现在觉得常常被一些消极情绪所困扰，有改变现状的欲望，那不妨试试。

问题 4：我能坚持下来吗？

这个很难预测。但做这件事，每天只需要 3 分钟，和每天健身、每天学英语、每天读书之类的宏大计划相比，这是个相对容易坚持的习惯。

假如以上的讲述已经能够消除你的疑惑了，那么，来试试吧。

现在，请回想一下，今天有哪些让你觉得开心的事情，又有哪些进展顺利的事情？

请写下来：

（1）我今天＿＿＿＿＿＿＿＿＿＿＿＿＿＿＿＿＿＿＿＿而这件事情之所以会发生，是因为＿＿＿＿＿＿＿＿＿＿＿＿＿＿＿＿＿＿＿＿＿＿＿＿＿＿

（2）我今天＿＿＿＿＿＿＿＿＿＿＿＿＿＿＿＿＿而这件事情之所以会发生，是因为＿＿＿＿＿＿＿＿＿＿＿＿＿＿＿＿＿＿＿＿＿＿＿＿＿

（3）我今天＿＿＿＿＿＿＿＿＿＿＿＿＿＿＿＿＿而这件事情之所以会发生，是因为＿＿＿＿＿＿＿＿＿＿＿＿＿＿＿＿＿＿＿＿＿＿＿＿

要记得坚持！两周以后，你应该能体会到变化。这是一个比情绪 ABC 理论方法更容易见到成效的情绪管理自助法。

第2部分

不开心？你得说出来

职场中的情绪表达

　　情绪管理并不能消除消极情绪，但是能教会人们接纳自己的情绪，并和自己的情绪和谐相处。在此基础上，高情商人士的重要特征之一是会适当地表达情绪。该哭的时候哭、该笑的时候笑、该生气的时候就生气，不压抑否定自己的情绪，但也不会戏剧化地夸大消极情绪去博同情或存在感。这样的自己，才是真正丰富而完整的。

8 【表达悲伤】 请给我一点时间来化解悲伤

↗ A 版本的故事

这次故事的主角是晓希，对，就是前面故事里方克的同事。今天是周一，她的心情不好，非常不好。

就在刚刚过去的周末，她失恋了。

她和男朋友是高中同学，从高中到大学，一直到工作，一直都是朋友们眼中的金童玉女。然而，将近 8 年的感情还是没有抵过异地 1 年带来的挑战。2018 年，晓希的男朋友被公司外派到欧洲，说好了去两年回来就结婚的。但两年还没到，两个人就已经开始变得陌生和有隔阂了。上周末，晓希的男朋友正式和她提了分手，他在电话里说："我也纠结了很久，但是，为了咱们两个好，我觉得分开是咱们现在最好的选择。"其实晓希也知道他说的对，即使他不提，她可能也会提。但结局到来的那一刻，她还是觉得心里空了一大块，闭上眼，以前两个人在一起的画面就会不断闪现，晓希整个周末都过得心神不定。

到公司了，晓希打起精神去开周会。同事们讨论起下周的市场活动，伴随着各种好创意的迸发，大家的笑声也不断。在这样的氛围中，晓希觉得自己显得分外格格不入。这个项目的负责人是晓希，可她却几乎没什么意见贡献，只是机械地附和着。部门总监注意到了晓希的不对劲，开完会特别把她留下来，问她有什么情况吗？晓希提醒自己，别因为个人问题影响工作，于是说："没事没事。"总监心有疑虑，但又不好意思多问，只叮嘱了她两句，下周这个项目很重要，别疏忽了细节，再把流程过一下。晓希点点头，出了会议室。总监在她的身后，默默摇了摇头，他有点不放心，开始考虑，是不是需要找个人来和晓希一起负责这个项目？

↗ **故事的背后**

晓希为什么不肯告诉总监她的伤心事？

换作是你，你会说吗？

身在职场，有消极情绪时，到底要不要说出来？要怎么说？

是什么阻碍人们说出自己的情绪

小时候看电视剧，总有以下类似桥段：

一位遭遇人生重大变故的主角，在暗夜里自己哭泣或抽了一整盒烟，然后在天亮后打起精神，和平常一样面带微笑地去工作。

一个失恋的姑娘，虽然非常难过，但当别人来关切地询问时，她总要强颜欢笑着回答说："我很好，我没事。"

再回忆一下，当你还是个孩子时，你和父母之间的互动，是不是也有以下类似的情节？

当你不管什么原因大哭时，父母对你说的第一句话总是："好了好了，别哭了。"

当你向父母表达自己的紧张或恐惧时，总能得到这样的回应："别怕，这点事不值得害怕。"或"别紧张，这有什么好紧张的。"

无论是影视作品里的桥段，还是人们从小接受到的教育，无疑都在传递一个信息，在当今的文化环境中，当众流露消极情绪并不是一件被鼓励的事情。所以，大多数人也理所应当地形成了这样的理念，他们会觉得，把消极情绪公之于众是件不合体的，甚至有些可耻的事情。只有小孩子才能够肆无忌惮地哭，而懂事和长大的一个重要标志，就是学会掩藏起自己的悲伤、愤怒或焦虑。

真的是这样吗？

当你不能或不敢说出自己的情绪时，这到底会带来什么

1. 不说，并不表示没有流露情绪

假如你去心理学的理论中查阅情绪表达的定义，你会发现，"表达"和"说"并不能画等号。情绪表达是指用语言或非语言的方式来传递人们所感受到的情绪，也就是说，除了用语言的方式"说出来"或"写出来"，肢体、眼神、表情也都在时刻向周围的人传递情绪。

于是，当人们身处消极情绪中时，选择沉默并不表示别人不会感知到。周围的人从你的非语言信息感知到你在生气或悲伤，但你不肯用语言表达让他们清楚地了解，你到底在为什么而生气，为什么而悲伤。于是，他们难免揣测，揣测反而会带来误解，甚至伤害。

2. 不说，也不流露，并不表示情绪就会消失

当然，你可能说，你是一个好演员。你可以不说出情绪，也可以控制自己，让别人没有办法从你的身体语言与状态感知到端倪，你就默默地消化这些情绪就好了，为什么要给别人带来麻烦呢？

是的，这看起来更像一个成熟人士的选择。但是情绪从来都不会自己消失，它们只是被隐藏起来了，未来会在你毫无准备的情况下以更丑陋、更猝不及防的方式出现的。

你有没有在工作中见到过以下类似的情形？

一个平时脾气看起来还不错的人，在会议中突然被同事的一句话惹怒了，他拍桌子甩门而去，留下一会议室错愕的人，大家心里暗想：那句话虽然过分，但也不至于生这么大的气。

一个平时看起来很乐观的姑娘，在遭遇到一个小小的挫折或被老板批评了一句时突然哭到崩溃，周围的人也会觉得有点讶异，大家会想：看起来她并不像这么脆弱、这么情绪化的人。

假如你自己就是曾经做出这种举动的人，你应该会明白，那一句话、那一个小小的挫折看起来似乎是这次甩门或哭泣的诱因，但实际上，在这

之前，你的心里已经累积了太多的情绪，只是你把它们隐藏起来，没有让任何人知道而已。这就好像一个早就被气充得满满的气球，气球壁已经撑得薄到不能更薄，只要随便碰到一个桌角，就会爆炸，而在正常情况下，桌角是不会戳破气球的，只有针才可以。

觉察和接纳自己的情绪，并在此基础上应用情绪 ABC 理论的工具来进行情绪的转换，这整个过程看起来都是你一个人在战斗，并没有第三者的参与。但其实，你也要敢于并善于向其他人表达自己的消极情绪。"管理情绪"和"表达情绪"并不冲突，可以同步进行。当你愿意接受自己是个有情绪的人时、当你能够接纳自己的消极情绪时，你也会有这样的自信：别人同样会接纳这个有情绪的我，接纳我表达的消极情绪。因为，我们都是"人"，有着正常情绪反应、会开心也会难过的人。

身在职场，有消极情绪时，到底要怎么说

1. 坦诚说出消极情绪，并不是"情绪化"的表现

回到晓希的故事，当她不可抑制的悲伤情绪已经明显影响到她的工作状态时，她应该说出来。

你也许想，失恋是私事，说出来，会不会显得有点公私不分？老板会不会因此而产生什么看法？老板会不会觉得你太情绪化了？

请你不妨站在晓希的老板（部门总监）的角度来想一下。

假如你是部门总监，你看到下属工作中有点心不在焉，问她原因，她又不说。同时，下周有一个重要的项目还在她的手里。你会放心吗？当然会不放心。你会担心她这个状态会不会搞砸了那个项目。这时，晓希在老板的眼里，是一个让人不敢完全信任的下属。假如这类事情上演两次以上，晓希在老板那儿的信誉值就会大打折扣。所以，让老板观察到不开心，又不坦诚表达原因，才会让老板觉得，这小丫头太情绪化了，把重要的项目交给她，估计会有风险。

假如晓希能够坦诚说出自己的情绪，这其中的关键作用是让老板获得

这样的认知：

- 我很难过，是因为我的确遭遇到了值得难过的事情。
- 我会努力调整好自己的状态。
- 我会努力不让情绪影响到项目的正常推进。
- 假如我真的调整不好，我会及时求助。

以上这几点信息综合起来，老板可以形成的印象是，晓希对情绪有清醒的觉察，同时，她有自我调节的能力，对于情绪可能对工作造成的影响，她也有风险控制意识。

而当老板获得了这样的信号时，反而会觉得晓希的情绪是可以被理解和接受的，同时，老板对晓希的信任感也并不会因此而大打折扣。

著名的职场女性，Facebook 的首席运营官谢丽尔·桑德伯格在她的书《向前一步》中曾分享了她和上级扎克伯格之间的一件事。当时，她刚刚加入 Facebook 差不多一年，她发现有人在背后非常犀利而尖刻地议论她，当她跟扎克伯格提这件事时，尽管努力克制，还是哭了出来。扎克伯格问她："你想要一个拥抱吗？"她点了点头。谢丽尔在后来接受媒体采访时及其他的公开场合都提到过这件事，她觉得这对于她和扎克伯格来说"是一个突破性的时刻，两个人之间的心理距离更接近了"[9]。

坦诚地表达和分享情绪，是你和上级或同事之间建立良好关系的一种途径。因为分享，你获得理解和接纳，也会因此和同事建立一种看不见的默契和连接，这种连接，会帮助你们更好地彼此信任，相互支持。谢丽尔·桑德伯格在她的《向前一步》中也这样总结："分享自己的情绪，能够帮助我们建立更深层的人际关系。工作的积极性源自我们对事情的关注度，也源自他人的关心。不管是男人还是女人，在做决定时都会受到情绪的驱使。承认情绪的作用，去面对它、接纳它，这会让我们更好地工作，建立更顺畅的人际关系。"

---

⑨ 谢丽尔·桑德伯格. 向前一步[M]. 颜筝，译. 北京：中信出版社，2013.

　　谢丽尔是从哪些职业经历中获得了这些感悟？在加入 Facebook 之前，她曾担任克林顿政府财政部部长办公厅主任，还担任过谷歌全球在线销售和运营部门副总裁。她也是第一位进入 Facebook 董事会的女性成员。同时，她还是福布斯榜的前 50 名"最有力量" 的商业女精英之一。这样的职场精英，在大多数人的心目中应该是"强大的、理性的、冷静的"，但人们会发现，谢丽尔并不是时刻在展示她聪明和理性的那一面，她会展示自己的脆弱，也会表达自己的消极情绪，而这些做法不仅丝毫没有影响她在工作上的杰出成就，反而帮助她建立了职场中更顺畅、更亲密的人际关系。

　　对于人们所担心的"在工作场合流露情绪会不会显得公私不分"的问题，谢丽尔也给出了她的建议。她认为"在当今这个鼓励个性化表达的年代，将工作和生活完全分离是没什么意义的。摘掉'永远在工作'的假面具，真实地表达自我、适当地谈论个人情况，并且承认自己的工作的确常受情绪的驱使，这会让我们从中受益"。

　　读到这儿，希望已经打消了你对于在职场中表达消极情绪的顾虑。当然，鼓励表达，并不是鼓励毫无节制地哭或絮絮叨叨地不停诉说，人们依然要在别人可接受、可理解的范围内，寻找适宜的情绪表达方式。

2. 带着清晰的诉求，适宜地表达消极情绪

　　每一种情绪表达背后，其实都有一个隐藏的诉求。只不过，有些人过于沉浸于自己的情绪，他们知道自己难过，他们就是想说，但不知道自己为什么要说，这种情绪表达是低效的，不仅不能为自己带来理解和同情，反而会招致反感。鲁迅先生笔下的祥林嫂就是一个典型的例子。工作中，也会碰到这样的人，他们充满了负面能量，总是在抱怨，一开始，周围的人也许还愿意出于礼貌来倾听一会儿，时间久了，他们就都会渐渐远离他。

　　所以，要表达消极情绪，但又不要让自己成为一个传递负面能量的抱怨者，你需要清晰地知道，自己表达情绪的诉求到底是什么。通常情况下，表达消极情绪的诉求可以有以下几种。

寻求倾听或情感安慰

"我碰到一些烦心事，真的好难过、好憋屈，我能跟你说说吗？"

"我有点难过，借个肩膀来靠靠。"

显然，以上这些表达都是在寻求对方的情感支持或安慰。这些表达通常会出现在亲近的同事之间。

寻求帮助或解决方案

"我觉得压力很大，有点撑不住了，我需要你的帮忙。"

"我好郁闷，不知道怎样才能解决这个问题，你能给我出点主意吗？"

在职场，需要求助时，不妨坦陈自己的消极情绪，懂得示弱而不逞强，是一种心理弹性的体现，也能唤起别人帮助你的意愿。

请求一点属于自己的时间和空间

"不好意思，我今天状态不太好，咱们明天再来讨论这个问题可以吗？"

"我现在情绪不太好，我需要自己调整一下。"

当别人试图来找你讨论问题、请你帮忙时，坦诚告诉别人现在自己情绪和状态不佳，请求一点属于自己的时间和空间，别人多数情况下是可以理解的，这比板着脸拒绝要好很多。

晓希刚刚的情况也可以归入这一类，她可以坦然地告诉老板自己现在的确情绪不好，需要一点时间来做调整，但保证可以调整好。

生活中，人们也会有这样的诉求。《男人来自火星，女人来自金星》一书在分析两性差异时，提到男性的一个特征，就是在遭遇消极情绪时会钻进他们的"树洞"，而女性往往不能理解，为什么她想跟你说话，你却要沉默以对？夫妻和情侣之间的矛盾常常源自于此。假如男性能够在钻进树洞之前明确地表述一句："我需要一点时间和空间来独处一会"，他们的伴侣应该能够更多地体谅他们的做法。

通过情绪表达来推动对方的行动，或者改变对方的态度

还有些时候，你需要通过情绪的表达来推动对方的行动，或者改变对

方的态度。你需要让对方知道，你生气或难过，是因为你的原则和底线被触碰了，对此希望你能够改变。关于这一点，会在下一个章节结合案例来一起探讨，怎样建设性地表达消极情绪，进而推动对方的改变。

假如晓希坦陈了自己的悲伤，故事的结局又会有什么不同？

↗ B 版本的故事

就在刚刚过去的周末，晓希失恋了。8 年的感情最终没有敌过 1 年异地的挑战。虽然晓希早有心理准备，但在最终结局到来的那一刻，她还是觉得心里空了一大块，闭上眼，以前两个人在一起的画面就会不断闪现，晓希整个周末都过得心神不定。

在上周的情绪管理课上，晓希学过情绪 ABC 理论，在周一早上的上班路上，晓希也在默默给自己做心理建设："8 年来，我们一起有过很多快乐的时光，也一起经历了人生最美好的阶段，这是一段值得感谢的缘分，希望以后我们都能更懂得如何去爱。"想着想着，晓希的眼泪还是忍不住就流出来了。

到公司了，晓希打起精神去开周会。同事们讨论下周的市场活动，伴随着各种好创意的迸发，大家的笑声也不断。在这样的氛围中，晓希觉得自己也显得分外格格不入。这个项目的负责人是晓希，可她却几乎没什么意见贡献，只是机械地附和着。

部门总监也注意到了晓希的不对劲，开完会特别把她留下来。

晓希知道总监是对她和下周的项目有点不放心，于是她主动跟总监说："我和男朋友分手了，所以这两天心情不太好。"

总监说："怪不得看你今天状态不太对劲。嗯，能理解，那你看需要什么帮助吗？"

晓希觉得受到了安慰，总监平时看起来酷酷的，没想到他感情还挺细腻的。她赶紧说："谢谢您理解。您放心，我今天的状态可能确实会受点影响，但我能调整好。我上午会再跟供应商确定一下下周活动的细节，目前来看，应该都还在进度范围内。"

总监点点头，说："你也别硬撑，要是真的心情太差，请一天假调整调整，去看个电影逛逛街，换换心情？"

晓希说："不用，一忙起来，我状态就能好点了。如果我真的调整不过来，一定会跟您说，请同组的同事来帮忙的。一切以保证项目顺利执行为前提！等周四，我再约您过一下进度。"

总监放心地合上笔记本电脑，说："好的，晓希，这个项目一直是你负责的，我对你有信心。那今天就这样，周四再沟通。"

练习6：评估你的"情绪劳动"强度

虽然你听说过"体力劳动"和"脑力劳动"，但你听说过"情绪劳动"吗？

20世纪80年代，美国社会心理学家霍克希尔德针对航空公司空服人员进行了情绪表达的个案研究，并提出了"情绪劳动"的概念。

有一部分职业要求从业人员必须表达出特定的情绪，这个情绪与他们内心的真实感受可能是不同的，甚至是相悖的。例如，空姐即使对乘客已经非常厌恶了，也仍然需要微笑以对。高档餐厅和星级酒店的服务员也是同样，即使因为私人的原因心情极度恶劣，也只能用欢快的表情和语气来面对顾客。霍克希士尔德认为，他们在工作的过程中付出了大量的"情绪劳动"。

而大多数的职业并不见得对从业人员有特定的情绪要求，但在工作中，人们同样可能面临着情绪劳动：

对待客户可能"无礼"的要求，内心已经极度愤怒烦躁了，却还是得笑脸相迎；

在家和男朋友吵架了，为了显示自己的职业素养，到了公司还是得显得轻松欢快；

对老板的指示内心非常不认同，也不愿意去做，但还是耐着性子、忍着不快去执行。

你在工作中需要经常做"情绪劳动"吗 ? 假如需要，你觉得累吗?

研究者发现，当人们经常需要掩盖自己内心的真实感受去做"情绪表演"时，会增加人们的压力，降低工作满意度和绩效，严重情况下甚至可能诱发心理问题。

如何能减少人们工作中的情绪劳动?

情绪劳动的本质，是情绪感受与情绪表达的背离，距离越远，"劳动强度"越大。所以，想要缩小两者之间的距离，要么想办法改变"情绪感受"，要么想办法改变"情绪表达"。

第 1 部分的内容，都是在帮助人们改变"情绪感受"，而第 2 部分就是在讨论如何改变"情绪表达"，了解在哪些情况下，你其实可以大胆地说出你的"不开心"，别总憋着。

所以，请思考并回答以下问题。

（1）回想你目前半年的工作状态，你在职场中需要做情绪劳动吗？在所选选项前面的"□"中打"√"。

□ 从来不需要。

□ 偶尔需要。

□ 有时需要。

□ 经常需要。

（2）假如你的选择是"从来不需要"，那么，你可能已经是一个情绪管理的高手了（这种情况的可能性并不大）；或者，你可能在工作中有点太任性，如果是这样，你就得反思一下了。

假如你的选择是"有时需要"和"经常需要"，思考一下是不是需要改变现状？

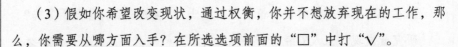

（3）假如你希望改变现状，通过权衡，你并不想放弃现在的工作，那么，你需要从哪方面入手？在所选选项前面的"□"中打"√"。

□ 我需要改变"情绪感受"。

运用情绪 ABC 理论，通过树立合理信念，把工作中的一些消极情绪进行转化和消解。

□ 我需要改变"情绪表达"。

有些愤怒、委屈我都默默压抑了，现在想想，其实应该说出来。

9 【表达愤怒】
做一个会"生气"的人

↗ A 版本的故事

这次的故事主角还是晓希，她的职位是市场部的活动执行专员，具体来说，她的工作就是负责落地执行已经设计好的市场活动。

晓希的工作需要和很多人打交道，在部门内部，她需要和负责创意策划的同事确定执行细节，也会提供一些自己的创意；还需要和设计师沟通，确定宣传物料的图样、选择材质等。在公司外部，她需要和合作的各类供应商沟通，包括场地、物料制作、灯光设备等。

在大多数人眼里，晓希是个善于沟通的姑娘，她对待所有人都客气有礼，非常注意说话的方式和尺度，也很懂得照顾对方的感受。她入行时间不长，但就目前做过的几个项目来看，都还算比较顺利。

这一天，晓希碰到了一点麻烦。

下午有一场新品发布的媒体见面会，晓希负责场地布置的协调工作，她提前和各供应商确定了设备、物料等进场时间，也预留了一定的时间余量。前一天场地布置的工作已经正常就绪，就差今天上午的鲜花了。然而，约定的时间到了，花艺的供应商却没出现。晓希打电话过去，对方的对接人却一直不接电话。好不容易电话通了，那位对接人却说："晓希，不好意思啊，我今天临时有事休假了，我已经把这件事交代给另一位同事了，我跟她联络一下吧，你别着急，马上回复你。"

过了 10 分钟，对方的另一位对接人打来电话，说她记错了预订的进场时间，正在整理备货，会尽快送过来。

又是 20 分钟过去，对方又打来电话和晓希商量，原定的花材被另一个活动用掉了，现在凑不到足够的数量，能不能换一些其他品种？

接到这个电话，晓希又急又气。花材是早就预订好的，这家供应商也是之前合作了多次的，一直没出过什么问题，没想到关键时刻出这个岔子。花材的颜色选择和活动场地的主色调必须一致，花语也和活动主题相关联，这个时候才说要换，怎么可能？

晓希暗自埋怨自己，应该再跟供应商确定下，应该就不会出这个岔子了。她跟供应商新换的对接人说："我们不能接受换花材，你一定要帮我想想办法，看能不能找其他的同行协调一下？务必 12 点前要送到会场！"

对方说："我尽量吧，我再联络看看，一会给你消息。"挂了电话，晓希在心里生着闷气，她生自己的气，为什么昨天晚上没有再跟供应商联络一下，太掉以轻心了。她更生供应商的气，第一个对接人太不负责了，换了对接人也不打招呼，第二个对接人态度太敷衍。可是，她又觉得，这种时候，发火也解决不了问题，她深呼吸了一下，赶快去找项目负责人，想商量看看有没有其他应急方案。

现在已经是 10 点了，这个故事的结果会是怎样呢？

↗ 故事的背后

事情进展到这儿，简直是为晓希捏把汗。按照这个节奏，这个问题可能没法解决。

你身边有没有像晓希这样的小伙伴？他们说话和善、性格温婉，好像从来没见过他们生气的样子。和他们相处，总是觉得如沐春风，毫无压力。

当然，正在读这篇文章的你，也许是他们中的一员。

然而，你觉得，这些小伙伴是真的不太爱生气吗？还是，他们只是不会表达自己的愤怒？

不表达愤怒，是意味着脾气好，有修养吗？还是说，其实这也并不见得是件好事？

▎ 愤怒表达的两个极端：一点就爆和愤怒无能

总有一些小伙伴，一言不合就跳脚，他们不掩饰自己的愤怒，也并不考虑愤怒的情绪可能带来的杀伤力。这是人们想要避免的，在 6【情绪急救】中，已经给这类型小伙伴提供了练习方法。

现在，再来看另一个极端，他们几乎不表达自己的愤怒，在他们冷静克制或温柔甜美的举止背后，可能有以下预设观念：

- 愤怒是不得体、没修养的表现。
- 愤怒是无能的表现。

以上这样的观念对吗？并不对。换成以下说法，会更为恰当：

- 当你愤怒时，**乱发脾气**是不得体、没修养的表现。
- 当你愤怒时，**除了乱发脾气，别的什么都不会做**，才是无能的表现。

区别在哪儿？第 1 种说法中，评判针对的是"情绪"本身；第 2 种说法中，针对的是"情绪的表达方式"。愤怒本身并没有什么不对，也并不值得羞耻，甚至愤怒也有可能成为一种有爆发性的、建设性力量的情绪。而值得讨论和深思的是究竟应该如何拥抱愤怒、表达愤怒。

人们需要表达愤怒。任意宣泄愤怒固然不值得提倡，但从不表达愤怒，同样是受制于愤怒情绪的表现。观察和了解你的愤怒，表达愤怒，甚至应用愤怒的能量，才是一个高情商人士应该做的事。

▎ 观察与体会你的愤怒——究竟为什么生气

1. 愤怒情绪的背后，是未被关注和满足的需求

当你还是个小婴儿时，你就已经开始感受和表达愤怒了，如你大哭、用力推开送到嘴边的水瓶，或者攥着小拳头使劲蹬腿。这些愤怒情绪的产生，通常是因为你饿了、困了、不舒服了，你有需求，而这些需求没有得到及时响应。

愤怒情绪的背后，总是存在一个没有被关注和满足的需求。

试着回想你的上一次愤怒，观察、感受和体会这次愤怒，思考这次愤

怒情绪背后的需求是什么。

如果你在会议中的发言数次被人强硬粗暴地打断，你愤怒了，这背后的需求是什么？

如果你很用心、很认真地做了一份项目方案，老板刚看了个开头就直接打回，你愤怒了，这背后的需求是什么？

如果你的线上审批单在某个流程上卡了好几天，影响了工作进程，当你找到相关的同事时，他却敷衍搪塞，你愤怒了，这背后的需求又是什么？

相信你心里已有答案。

2. 愤怒的情绪背后，是被侵犯的边界或原则

每个小动物都有自己的领地，如果你不小心侵入，它会对你愤怒地嚎叫，甚至直接扑上来撕咬。人类也一样。

无论是在家庭中，还是在一段亲密关系中，抑或是职场的同事之间，你们都会有自己的社交边界。当这条边界被打破时，你会感到愤怒。

例如，你给另一半打一次电话没有回，你能坦然接受，但 5 次都不回，边界就被突破了。

再如，偶尔帮同事一个小忙，你觉得非常正常，但对方一而再，再而三地把不属于你的任务硬塞给你，边界就被突破了。

在职场，除社交边界外，还会有做事情的原则，原则的被打破同样会引发愤怒。在晓希的故事里，供应商的两个对接人无疑突破了职场的基本原则——对事情负责及遵守承诺，晓希当然有理由愤怒。

所以，愤怒本身有着不可否认的积极意义。

在人们还是原始人类时，愤怒是对于威胁的一种自然反应，它提醒人们要调动身心资源，应对危险，保护自己。

当人们是小婴儿时，愤怒让人们用激烈的反应引发看护者的关注，会哭的孩子有奶吃正是这个道理。

当人们成为可以理智思考的成年人后，愤怒是在提醒自己，要正视自

己内心的需求，要了解自己的底线，并采取适当的行动来维护个人的利益和底线。

┃ 表达你的愤怒

1. 为什么要表达

著名的社会心理学家卡罗尔·塔夫里斯曾经在书中讲了以下一个故事。

一条孟加拉眼镜蛇喜欢去咬过往的村民，一位哲人说服这条眼镜蛇，让它知道，咬人是不对的。于是眼镜蛇发誓说"它再不会咬人了"。然而，不久以后，村里的男孩子就不再惧怕这条眼镜蛇了，甚至开始虐待它，把它打得鲜血淋漓。眼镜蛇对哲人抱怨说："难道这就是我遵守承诺所应得的吗？"哲人告诉它："我是告诉你不要咬人，但我没有不让你吐芯子吓唬他们啊。"

塔夫里斯写道："很多人，就像眼镜蛇一样，把咬人和吐芯子混为一谈。"

可以这样来理解这个故事，如果把用带着伤害性和破坏性的方式来表达愤怒比喻为"咬人"，那么"吐芯子"就是用建设性的方式来表达愤怒。人们不应该"咬人"，但"吐芯子"是必需的。

因为：

不表达，对方怎么能知道你未满足的需求是什么？

不表达，对方又怎么能知道他突破了你的原则和边界？

不表达，你认为自己是克制的、隐忍的、大度的，但结果是越来越多的需求被漠视，越来越多的边界被突破。别怪人家，因为人家从来都不知道，原来这件事情你是介意的。

身边有过这样的一对情侣，一个性格火暴，另一个宽和、包容。于是，火暴的那个总在发火和进攻，而宽和、包容的那个，总能大度忍让，等火暴的那个气消了，也会懂得对方的好。外人看来，他们性格互补，琴瑟和鸣。可突然有一天，一个小矛盾引发了一场大风波，宽和、包容的那个突然爆发，说什么也要分手，他说："我一直在忍让，但你一再试探我的底线，这一次我的底线真的被突破了，我受不了了。"听起来，似乎真的是对方的错，可如果他真的懂得早一点表达自己的底线，引导对方重视自己的需求，那这段关系也不会变成这样。

职场也一样，别人把一件不属于你的工作拜托给你，让你帮个忙，你虽然内心不情愿，但觉得不过举手之劳，就帮了。下一次再找你，你又帮了。等到对方得寸进尺时，你觉得忍无可忍，拒绝了对方，对方反而受了伤害："我拿你当部门里最好的朋友，你连这个忙都不愿意帮我。"你心里想着："怎么有这样的人，蹬鼻子上脸。"但这句话你说不出口。假如你懂得从第一次就说出自己内心的不情愿，既维护了自己的底线，也不会有第2、第 3 次，两个人的关系反而能维护在一个舒服的边界内，不至于最后撕破脸面。

2. 什么情况下需要表达愤怒

并不是所有的愤怒都必须要表达。当你判断出在当下那个情境，你需要让对方感知到你的情绪或你的诉求，而你需要通过表达进一步推动事情解决时，那么，就表达出来。但请一定注意，表达并不是直接对抗和宣泄。

3. 如何表达愤怒

方式一：大声地、带着你的情绪能量说（甚至吼着说）

当你认为，你必须让你的沟通对象感知到你的愤怒，并且被你的情绪震慑和影响，进而纠正他们的行为时，你需要这样做。

这样做的关键影响是保障"效率"。也就是说，在那个节骨眼上，靠好好讲道理或其他柔和的手段，没有办法改变对方，但你又必须马上改变和影响对方，让他们按你的期望来，那就大声地、带着你的情绪能量说。

在著名的美国电影《巴顿将军》[⑩]中，有以下一个情节。

当时德军又投入了一个装甲师，由巴顿将军率领的美军所派出的 101 空降

---

⑩《巴顿将军》是由 20 世纪福克斯电影公司于 1970 年出品的历史片，由弗兰克林·斯凡那执导。

师的处境岌岌可危。下属建议说："我们需要空中掩护，需要 24 小时的好天气，我们才能出动。"

这时，一位士兵过来报告："晚上好，将军。我刚拿到明天的天气预报，更多的雪。空中掩护也没戏了。长官，我们可能必须停下来，等待天气好转。"

巴顿愤怒了，他大声地说："那些勇敢的士兵在送命，我不能再等待。一分一秒都不能等待！我们要继续前进。清楚了吗？我们要整夜前行，我们要在明天早晨进攻。如果我们不成功，就一个都不要想活着回去！"

下属们被巴顿将军的气势和情绪所影响，没有任何人提出反对意见，大家马上投入紧张的准备工作。

镜头一切换，另一位将领小声和巴顿说："你知道吗，将军？有时，他们真不知道你是在虚张声势，还是认真的。"

巴顿回答："他们是否知道并不重要，只有我是否知道才是最重要的。"

以上情境是运用愤怒能量的最高境界。他没有拍桌子、跳脚、骂人，而是大声地、坚定地说出他的要求，而这个态度背后传递的信息是：我已经生气了，请你们不要再挑战我的底线，提出反对意见，你们要做的是执行我的命令！

这个愤怒不是对内的、自我伤害的能量，而是对外的、巨大的影响力。

回想你的职场生涯，有没有遇到过以下两种老板：

第 1 种，强势而易怒，暴脾气说来就来。下属在他的面前会唯唯诺诺，也会按他说的去做。但是，背后对他充满怨气。他并没有赢得下属真正的尊重。

第 2 种，并不总是生气，但一旦生气，也会对下属非常严厉。而他每次发作，都是下属真正出现不可接受的错误之时。每个被他严厉批评的人，即使觉得当时有点难堪和气愤，但回头想想，也心服口服。他很严厉，但他很清晰地传递了自己的原则和底线，也树立了真正的威信。

> 每个人都会发怒，这很简单。但向恰当的人，在恰当的时间，以恰当的动机、恰当的方法，表达恰当程度的愤怒，并不是每个人都能做到的易事。
>
> ——亚里士多德

假如你要大声地表达愤怒，不要踏入以下禁区：

- 不尊重他人，爆粗口（滚，傻，笨……）
- 就事论人，或者就人论事（就知道这事你干不成、你一向如此……）

即使再大声，依然以尊重对方为第一准则。

方式二：平静，但坚定地说

平静，但坚定地说的关键在于保障"效果"。也就是说，这种方式也许不能立竿见影，但不会引起沟通对象的反感，还有可能唤起他的同理心，从长期的角度来看，这种方式对产生持续效果更有作用。

说"事实"而不是说"臆测"

什么是事实？就是客观发生的事情。

什么是臆测？就是你因为客观发生的事情而产生的对于对方的"想象"。请注意，这是你个人脑海中的剧情，并不是真实的剧情。

例如，当你给男朋友打了好几个电话，他都没有回电话时，有以下两种不同做法。

说事实：我给你打了 3 个电话，你没有接，也没给我打回来。

说臆测：你就是不想给我回电话！

用一个职场中的例子，当你的工作搭档小 X 连着 3 次没有按约定时间给你提交文档时，有以下两种做法。

说事实：小 X，最近你有 3 次都没有按照约定的时间把文档提交给我。

说臆测：小 X，你是不是对我有什么意见？

再来看一个例子，当你在会议上数次被别人打断时，有以下两种做法。

说事实：今天你打断我 3 次了。

说臆测：你太不尊重人了。

或者说，当你给一位同事就某个问题发了 3 次邮件却没有得到反馈时，有以下两种做法。

说事实：我发了 3 封邮件给你，但没有得到回复。

说臆测：你完全不重视我们的想法和意见。

请注意，没有回电话有很多种可能，正在忙、手机丢了、喝醉了等；没按约定时间提交文档也许有其他客观困难；打断别人发言也许是他的个人沟通风格和习惯，并不是针对你；不回复邮件也许是因为他还有其他的顾虑，并不是不重视你。如果你直接把自己臆测的情况说了出去，并据此责难对方，很可能引起对方的情绪反弹，沟通就会陷入僵局。

学着谈"个人感受"，但并不把自己的个人感受与对方的行为建立直接关联

个人感受是指你自己的情绪，这个情绪固然和对方的行为有一定的关系，但并不是单纯由对方的行为引起的。一般来说，情绪的产生与你个人的认知加工有着更密切的关联。

谈个人感受的目的是激发对方的同理心，让对方更理解你的处境，并不是指责对方："你看，我这么难受，而你是始作俑者。"

还是刚刚的例子，当你的男朋友没有给你回电话时，你可以这么谈个人感受："你一直没有回我的电话，我很担心。"

当你的工作搭档小 X 连着 3 次没有按约定时间给你提交文档时，可以这么谈个人感受："你这么做让我很为难，特别是上次，我还在周末加了个班，我也好想赶快把这个事情搞定，周末好踏实休息。"

当你在会议上数次被别人打断时，你可以这么谈个人感受："我有好几次话都没说完就被打断了，我的思路也被打断了，所以我有点着急。"

当你发出的邮件没有得到回复时，你可以这么谈个人感受："我发了 3 封邮件给你，但没有得到回复，我很想知道到底是哪里出了问题。"

明确地表达正面期待

人们表达愤怒的最终目的，是期望对方能够改变行为，所以，你越能明确地表达期待，对方改变的可能性越大。同时，这个期待应该是正面的，用肯定的方式表达，而不是用否定的方式表达。

例如，当你的男朋友没有回你电话时，你说：

"你能不能重视一下我的感受" ×　不明确，太笼统。

"以后再有这样的情况，如果你不方便回电话，能不能在微信上告诉我一下？"　√　明确，指出了你期望的具体行为方式。

再例如，当你在会议上屡次被打断时，你说：

"你能不能别打断我？"　×　用了否定的方式表达。

"等我说完你再表达你的观点，可以吗？"　√　用了肯定的方式，表达正面期待。

综合应用

结合以上 3 点的几个要素，当你平静但坚定地表达自己的愤怒时，可以说出你观察到的事实、你体会到的感受，以及你的诉求和期待。

还是回到第一个例子，你的男朋友没有给你回电话，你可以尝试这么说：

"你一直没给我回电话（事实），我挺担心的（感受），还一直惦记着你，怕你出什么事了。结果原来是忙忘了（事实），我知道你工作忙，但你这样做，我当时真的很生气（感受），以后再有这样的情况，能不能在微信上告诉我一下（诉求和期待）？"

关于开会被数次打断的情况，你可以尝试这么说：

"不好意思，你打断了我几次（事实），我的思路被打乱了（感受），可以让我先把这个观点说完你再补充吗（诉求和期待）？"

以上就是表达愤怒方面的建议，从现在起，做一个会"生气"的人吧！

↗ B 版本的故事

这次的故事主角还是晓希，在前面的故事里介绍过，她的职位是市场部的活动执行专员，具体来说，她的工作就是负责落地执行已经设计好的市场活动。

这一天，晓希碰到了一点麻烦。

下午有一场新品发布的媒体发布会，晓希负责场地布置的协调工作，她提前和各供应商确定了设备、物料等进场时间，也预留了一定的时间余量。前一天场地布置的工作已经正常就绪，就差今天上午的鲜花了。然而，约定的时间到了，花艺的供应商却没出现。晓希打电话过去，对方的对接人却一直不接电话。好不容易电话通了，那位对接人却说："晓希，不好意思啊，我今天临时有事休假了，我已经把这件事交代给另一位同事了，我跟她联络一下吧，你别着急，马上回复你。"

过了 10 分钟，对方的另一位对接人打来电话，说她记错了预订的进场时间，正在整理备货，会尽快送过来。

这时，晓希已经觉得有点不妙了，她迅速从手机通信录里翻出对方部门负责人的电话打了过去。电话通了，晓希说："雷总，得跟你报备一下，今天我们有一场市场活动，一直是你们那边小艾负责的，现在临时通知我换了位对接人，刚刚又说配送时间会耽误 1 小时，我担心会出问题，您帮我叮嘱一下吧。"雷总连声应允，晓希又补充说："不是我不信任现在新换的对接人，实在是事情紧急，现在已经耽误了半小时了，不能再耽搁了，只能拜托您出面了。"

雷总效率很高，3 分钟以后就回了电话，但是带来一个不太好的消息，他问晓希，原定的花材被另一个活动用掉了，现在凑不到足够的数量，能不能换一些其他的品种？

听到雷总的反馈，晓希非常生气，这供应商太不靠谱了，哪有这么办事的，她对着话筒坚定地说："雷总，我们不是第一次合作，您应该知道我们公司的原则。这次临时换对接人，现在又商量换花材，这个我们肯定是不能接受的。"雷总开始试图解释，晓希打断了他："现在不是解释的时候，我唯一的要求就是必须在 12 点前将原定的花材送到，我不管你们高价从其他同行那边调货，还是你们内部调配，我们就是这个要求，按之前的约定办事，没得商量。如果出现任何意外，那咱们就按合同办。"晓希平时说话都是慢声细语的，对待供应商的态度也一直非常友好，第一次听出她这么生气，雷总赶快应允下来，打电话张罗去了。

这件事最终有惊无险地结束了。晓希松了一口气，回想起来还是捏了把冷汗。在项目结束后部门的复盘会议上，她特别提到了这个小插曲，并且总结了经验：

（1）从自己改进的角度看，未来需要建立供应商的信用记录，加强对优质供应商的筛选。同时，即使对一直有良好合作关系的供应商，也不能掉以轻心，一定要在活动前进一步跟进。

（2）从应急处理的情况看，当时她判断雷总是有能力和能量来调配足够花材的，只是抱着侥幸心理想看看能不能从她这蒙混过关。她旗帜鲜明地表达了自己的愤怒，强调了自己的立场，也是这个态度让雷总意识到混不过去了，最终还是把花材配齐了。所以，对于合作伙伴而言，该客气时就得客气，该发火时还是得发火。

部门总监对晓希的总结表示认同。

 练习 7：表达你的愤怒

回想上次你的愤怒情绪，来做一个练习。

1．觉察

给自己的情绪命名、定级，并建立意义。

2．判断

你的愤怒需要表达吗？在以下你所选择的选项前的□中打"√"。

□不需要。因为当时那个情况，多说无益。（如果依然难消气愤，请应用情绪 ABC 理论进行转换。）

□需要。因为我的原则和底线已经被触碰，我需要让对方知道。

□需要。因为我希望对方能了解我的期待和诉求。

3.表达

- 你当时表达了吗？是如何表达的？

- 如果再给你一次机会，你会不会换一种表达方式？

- 你的选择是

□大声地，带着情绪能量说。

□平静但坚定地说。

描述事实：_____

描述感受：_____

正面表达期待：_____

第3部分
找到专注感与掌控感
职场人的自我激励

做事情总是三分钟热度？常常给自己做计划，却总不能坚持？你是不是总是摇摆在两种情绪之间，一种是制订计划时的斗志昂扬，另一种是被自己的欲望打败之后的自我责备？其实，很多人并不是天生就是意志力达人，他们只是找到了让自己更"自律"的方法，并进入了正向循环。你，也可以试试。

10 【聚焦目标】
先定一个小目标

↗ A 版本的故事

职场新人路风，24 岁，是个典型的勤奋、自律、好学的靠谱男青年。

他刚刚加入一家创业公司，在运营部门工作。这家公司已经获得了 B 轮融资，财务状况和经营数据都很健康，眼看着就要成为一家冉冉升起的独角兽新星，公司 CEO 林总刚刚年过 30 岁，最近就已经开始出现在不少财经和创业媒体的头条中。路风觉得，林总就是自己的职场偶像，路风希望自己也能像他一样，在 30 岁时挖到自己创业的第一桶金。为了这个目标，路风真的很努力。

以下为路风的典型一天。

每天一早，罗辑思维 60 秒语音推送是必须要听的，听完再看看罗胖今天的推送。嗯，感觉自己又被丰富了。

上班路上，通常是在喜马拉雅或得到 App 听订阅的专栏，最近还加了几个专业类的社群，社群里经常有微课语音分享，已经有点听不过来了。

到公司，先花 20 分钟读一下微信订阅号里的文章，虎嗅、36 氪……未来要创业，必须要保持敏锐的商业嗅觉，所以要时刻关注行业趋势。

一天的工作总是很忙，加班的日子多过不加班的日子。但下了班还有很多事呢！路风对自己的要求是：

一周至少健身 3 次；

一周至少要上 2 次英语口语面授课，还要完成 6 小时的在线学习；

每周读完一本书（关注了好几个读书的公众号，从中选择推荐的图书）；

每周写一篇读书笔记，写完以后发到自己的微信公众号里，现在已经有 200 个粉丝了，路风希望能用原创优质内容吸引到 1 000 个粉丝。

最近，路风还计划在一个专门为互联网新人提供培训的线上平台上报一门运营课程，999 元，10 个专题，每周需要花 10 小时学习。算了算时间，加上周末，应该是可以忙过来的。

朋友看到路风忙成这样，劝他要放松点。路风想，放松？不行，年轻人，就得逼自己一把，不然你都不知道你自己的潜力到底有多大。路风在微信上曾经看过一篇文章《下班后干什么，决定了你的人生高度》，路风觉得非常有道理，现在的努力都是在为自己的未来累计价值。你们吃饭、逛街、看电影，打 DOTA 和王者荣耀，我用这个时间来看书学习充实自己，我觉得挺骄傲的。

半年过去了，路风的 "to do list" 上的事项越来越多，趁着 "双十一" 大促买的书至今还没有看完 1/3；公众号每周都更新，但阅读量一路下滑；英语课进度有点落后；新买的运营课倒是一直跟着进度在学习，可是作业还没做完……

最让人沮丧的是，在半年度的绩效考评上，这么努力的路风只得到了一个 C，也就是部门的平均水平。路风有点想不通，自己看了那么多行业新闻，听了那么多大咖分享，觉得自己的思维水平已经明显提升了，最近出的方案自我感觉良好，可老板怎么就没看出自己的进步……而在老板眼里，路风是一个够勤奋、爱学习，懂得很多新概念和词汇，但做事情总沉不下来的小伙子。

昨天，老板在部门的微信群里转了一篇文章《为什么说大多数人都是低品质勤奋者》，路风困惑了，什么？难道我这么努力，竟然是低品质勤奋者？？我该怎么办？

↗ 故事的背后

你可能有疑问了，路风看起来是个特别善于自我激励、超级自律的靠谱青年，他应该成为人们学习的对象，怎么现在变成负面案例了？

作为一个高情商的职场人士，自我激励是一种非常宝贵，也非常难得的特质。然而，在自我激励并付出努力之前，更重要的是知道自己到底应该做什么，应该在哪个领域或哪些事情上付出努力，不然就只能是白忙或瞎忙。

一起来看看，这么努力的路风到底哪里出了问题。

做对的事情和把事情做对

著名的管理学大师彼得·德鲁克曾经说："我们永远都在做两种选择，一个是选择把事情做对，另一个是选择对的事情做。这两者之间，选择对的事情做更重要。"

什么叫作选择对的事情做？就是从目标出发，分析现状，权衡利弊，区分轻重缓急，把有限的时间资源倾斜分配在最关键、最重要的任务上。

而把事情做对，是指找到科学的方法和工具，能够用更高的效率和更好的效果完成当下的任务。

路风的老板转发了一篇文章，提到很多人是低品质勤奋者。什么是低品质勤奋者呢？他们可能有如下的典型表现：

- 他们有很勤奋的"姿势"，或者说有很多勤奋的行为；
- 他们给自己很多压力，给自己划定了很多目标与任务；
- 他们投入了很多的时间，但发现没有预期中的回报。

发现了吗？所谓低品质勤奋者的最大问题，是用"行为上的勤奋"抚慰了自己追求上进的心，但他们在努力之前，缺少了一个动作，就是思考和寻找"对的事"。

在互联网行业里，有一个流行的段子：假如你每天还在听斯坦福公开课，上3W咖啡听创业讲座，知乎、果壳关注无数，36氪每日必读，对马云的创业史了如指掌，对张小龙的贪嗔痴如数家珍，喜欢罗振宇胜过乔布斯，逢人便谈互联网思维……那你可能每天还在挤地铁。

这个段子有点夸张，但也生动地展现了一个群体的特征：花了很多的时间学习知识，懂了很多高大上的名词，但还没能在某一个领域真正形成自己的深入理解和知识体系，更别说把这些碎片化的知识转化成生产力。

所以，付出时间与精力之前，一定要思考与寻找，对于你而言，"对的事"到底是什么？

这个思考的过程需要探询：

围绕未来的远景目标，你现在做的事情都是必须做的吗？

哪些事是一定要做的？而哪些也许可以不做？

你要把更多的时间分配在哪些任务上？

对于一只盲目的船来说，所有方向的风都是逆风。当你的努力朝着错误的方向和错误的任务前行时，再多的努力也不会导向成功。

自律和意志力也是一种资源

1. 他们为什么更优秀？从一个心理学研究说起

1990 年，有 3 位心理学家在西柏林中心的艺术大学做了一次研究，这个研究以一些小提琴演奏家为研究对象，并得出了一个颠覆了人们传统认知的结论：优秀的演奏者并没有比相对普通的演奏者花更多的时间来练习。

以下还原一下整个研究的过程。

研究者们请学院的教授为他们选出一些杰出的小提琴演奏者，他们将这个组命名为精英演奏者。同时，他们选择了另一组学生，这些学生的演奏水平相对第一组较低，研究者将之命名为普通演奏者。

3 位研究员将一份时间记录表提供给实验对象，请他们详细地记录自己是如何运用和安排时间的。为了保证精确性，这张表格将 24 小时约划为 29 个 50 分钟。

结果如何？最显而易见的猜测便是精英演奏者花了更多的时间练习演奏乐器。也就是说，在普通演奏者浪费时间和享受生活时，精英演奏者花了更多的时间、更多的汗水提升演奏技巧。

然而，数据证明，人们的猜测完全是错误的，这个实验得出以下几个结论。

第一，两个组的演奏者们花在练习上的时间基本上是一致的。

第二，虽然花的时间大致相同，但规划时间的方式表现出不同的特点。

精英演奏者们在有条理且有难度的训练上花的时间是普通演奏者的 3 倍左右。

精英演奏者们将工作集中在两个明显的时间段完成。如果将他们的平均工作时间与每日活动时间相对比的表格描绘出来，你会发现两个显著的峰值，其中一个在早上，另一个在下午。越是精英的演奏者，他们的峰值越发明显。

第三，精英演奏者们会花更多的时间去放松，他们的睡眠时间比普通演奏者要多 1 小时。

2. 弹性而克制地应用自己的"自律"

从发生在西柏林中心艺术大学的研究中，可以得出这样一个推论：那些更优秀的人并不见得比普通人群更勤奋。

勤奋是好品质，但并不意味着拼命地压榨自己的时间，就能取得更好的结果。因为自律和意志力其实也是一种资源，它并不是取之不尽、用之不竭的。

心理学家鲍迈斯特等人在研究中提出了自我控制的有限资源模型，他们认为，自我控制会消耗自我资源，而资源的总量是有限的，当资源被消耗完后，就会出现意志力薄弱的情况。但是，自我控制资源经过休息是可以恢复的。可以用一个形象的例子来说明这个道理。意志力就像手机上的电量指示条，每天早晨是充满电的，每次运用意志力来抵抗诱惑时，就相当于消耗了一些电量，最后电量耗光，人们在那个时间点就失去了抵制诱惑的能力。而休息、放松、睡觉都是充电的方式。

在意志力方面，个体之间一定存在着差异，有的人的确更自律，就好像有些品牌的手机待机时间就是比其他品牌要强。当人们使用不同品牌手机时，很清楚它们的待机时间边界在哪里，假如要带一个苹果大屏手机出门一整天，就会记得带上充电线或充电宝，假如是早年间的诺基亚，你就会放心地只带手机出门。那么，人们是否像了解自己的手机一样，了解自己意志力的边界在哪里？建议每个人都能找到自己的边界，给自己预留一些弹性，更节制地应用自己的意志力，并给自己留出更多的充电时间。

再来观察一下西柏林中心的优秀演奏者们，他们集中用峰值的时间练习更有难度的曲子，这正是在意志力最强的时候做最重要的事情；他们也给自己更多的时间睡眠和放松，他们更懂得给自己的意志力充电。

那么，正在读这本书的你呢？回想一下，你是否曾经信誓旦旦地下决心去学英语、学游泳、要早起、要健身，然后又都在坚持一段时间后放弃了？你感慨自己是个不够有意志力的人，但在感慨的同时，不妨先反思一下：你是怎么分配你的意志力资源的？你有没有把有限的意志力资源用在最重要的事情上？

少即是多

1. 帕累托原则无处不在

你一定听过一个名词，叫作"二八定律"。这个定律又被叫作帕累托原则，是由意大利经济学家维尔弗雷多·帕累托提出的。帕累托认为，世界上 20%的人掌握了 80%的财富。这个定律被逐渐引申到不同的领域，例如，20%的忠诚客户为企业创造了 80%的利润；公司里 20%的核心员工为企业创造了 80%的价值……

好了，不需要纠结具体的数字，因为这个比例可能是 80∶20，也可能是 82∶78，还有可能是 90∶10。总之，帕累托原则是要提示人们，原因和结果、投入和产出、努力和报酬之间本来就存在着无法解释的不平衡。有些事，你坚持做了很久，做到极致，也不见得会带来太多的回报，而有些事，只要你做对了，就会有巨大的回报。

再回顾下之前介绍到的两点：

- 要做对的事，而不是盲目勤奋；
- 自律和意志力是一种资源，要节省着用。

现在，结论呼之欲出：你需要找到对的事，然后把有限的时间资源和意志力资源投入到这件事情上。只有懂得这样做，你才能用 20%的投入撬动 80%的价值回报。

2. 从定一个小目标开始，锁定你的"对的事"

万达的大当家王健林在一次采访中提道："先定一个小目标，比方说我先挣它一个亿。"这句话被众多段子手拿来调侃，甚至成为 2016 年的网络流行语。

当时王健林接受鲁豫采访的原话是这样说的："很多年轻人，有自己的目标，如想做首富，有这个想法，是对的，是奋斗的方向。但是最好先定一个小目标，比方说我先挣它一个亿。"

其实，王首富说的真的非常对。要找到"对的事"，需要从定一个小目标开始。

还是看看路风，他的目标是 30 岁时成为一个创业公司的老板，围绕这个目标，他有很多的行动计划：

- 听得到或喜马拉雅的专栏，看虎嗅等行业评论。嗯，看起来很有必要，因为要创业，当然得有行业洞察。

- 学英语，更有必要了！将来还要去纳斯达克敲钟，英文当然要好。

- 每周一本书，也很有必要，扩展视野。

- 写公众号，是为了积累个人品牌，虽然粉丝现在只有几百个，但看起来也挺有必要的。

- 上在线的运营课，嗯，这个和做 CEO 这个目标虽然关联性不大，但对当下工作很有帮助，也是有必要的。

然而，这些看起来都很有必要的事情如果一起做，反而很难看到预期的收益。那如果从一个小目标开始，行动计划就会完全不同。

《最重要的事，只有一件》书中介绍了一个寻找当前优先事务的工具，叫作倒推法[11]。它是指在考虑长期目标的基础上，一步步往回考虑，倒推出现在最重要的事。如图 10.1 所示，应用倒推法找到小目标。

---

[11] 加里·凯勒，杰伊·帕帕森. 最重要的事，只有一件[M]. 张宝文，译. 北京：中信出版社，2015.

长期目标
我的长期目标是什么？
⬇
5年目标
鉴于长期目标，未来5年最重要的事是什么？
⬇
年目标
基于5年目标，本年最重要的事是什么？
⬇
月目标
基于年目标，本月最重要的一件事是什么？
⬇
周目标
基于月目标，本周最重要的一件事是什么？
⬇
日目标
基于周目标，今天最重要的一件事是什么？

图 10.1　应用倒推法找到小目标

同样是在这本书中，作者介绍了一个有趣的实验。2001 年，旧金山科学博物馆的一位物理学家用 8 个胶合板做成的多米诺骨牌展示了一场表演。第 1 块骨牌约高 5 厘米，而之后的每一块骨牌都比前一块大 50%。以此类推，第 8 块倒下的骨牌已经高近 92 厘米。实验中没有第 9 块骨牌，但可以在头脑中继续这个实验，当多米诺骨牌继续以几何级数扩大时，第 23 块将超过埃菲尔铁塔，第 31 块将比珠穆朗玛峰还要高，而第 57 块，竟然足以到达月球！

看到了吗？这就是由小及大的能量。而刚刚的倒推目标，就是在一块一块地摆出你的多米诺骨牌。你的第 1 块骨牌也许并不起眼，但它就是你的"对的事"！用它来撬动未来的职场生涯吧！

记得，少即是多。

路风有没有找到自己的小目标？以下为 B 版本的故事。

↗ B 版本的故事

职场新人路风，24 岁，是个典型的勤奋、自律、好学的靠谱男青年。

他刚刚加入一家创业公司，在运营部门工作。这家公司已经获得了 B 轮融资，财务状况和经营数据都很健康，眼看着就要成为一家冉冉升起的独角兽新星，公司 CEO 林总刚刚年过 30 岁，最近就已经开始出现在不少财经和创业媒体的头条中。路风觉得，林总就是自己的职场偶像，路风希望自己也能像他一样，在 30 岁时挖到自己创业的第一桶金。为了这个目标，路风真的很努力。

路风有很多想做的事，听各种语音微课、看各种专栏、看大咖和老板们推荐的书、写自己的公众号、学英语、健身……可是，如果都做，时间真的来不及，怎么办？

路风尝试着寻找自己的优先事务。

首先要思考的是，未来的长期目标是什么？

● 是要创办属于自己的公司，并把公司做大做强。

那基于这个长期目标，未来 5 年最重要的事情是什么？

● 应该成为某一个领域的资深从业人员，对这个领域能够有自己的方法论。假如有机会的话，应该再综合学习其他领域的知识，包括财务、产品、市场等，成为一个 T 型人才。

那基于 5 年目标，未来 1 年最重要的事情是什么？

● 这么看来，未来 1 年内应该先专注在一个领域进行知识积累，形成自己的知识结构和体系。就选自己现在从事的运营工作！

那基于年目标，未来 1 个月最重要的事是什么？

● 学完自己刚刚购买的运营课程，并且能在工作中应用。

那基于月目标，未来 1 周最重要的事是什么？

● 要合理规划时间，保证每天学习 2 小时，确保 1 周可以完成两个模块的学习。

所以，今天最重要的事又是什么？

● 根据昨天学习的内容先来复盘刚刚做完的项目，找出改进点。然后学完今天的课程内容。

根据自己的目标倒推，路风确定了可行的学习节奏和计划。学英语、写读书心得、发公众号都先暂时放一放，健身还是继续坚持，毕竟身体是革命的本钱。

在明确目标的激励下 ，路风保证了良好的学习进度。他每次学完一个模块都会尝试思考如何应用在现在的工作中。一个季度过去了，路风的工作思路开阔了很多。实现了这个小目标的路风，又开始规划下一个小目标。

 练习 8：找到属于自己的小目标

你未来的长期规划是什么？

对于大多数的职场新人来说，可能没有路风如此宏大的目标。但这并不意味着，你不需要做长期规划。如果你不希望虚度你的闲暇时间，那么，要干点什么呢？去听最火爆的专栏？去看大咖推荐的畅销书？加了一个又一个微信群去听课？

试着做一个目标倒推，找到你的小目标和发力点。

使用目标倒推法把你的各层级目标填写在表 10.1 中。

表 10.1　各层级目标

未来的长期目标是什么	
基于长期目标， 未来 5 年最重要的事是什么	
基于 5 年的目标， 未来 1 年最重要的事是什么	
基于年目标， 未来 1 个月最重要的事是什么	
基于月目标， 未来 1 周最重要的事是什么	
基于周目标， 今天最重要的事是什么	

11 【培养自律】
你想吃到第二块棉花糖吗

↗ A 版本的故事

曼曼和路风是同班同学，现在就职于某家大型国企，是一名人事助理。

曼曼的工作内容是为公司员工办理社保，聪明伶俐的曼曼用了两个月的时间很快就熟练掌握了这一套工作流程。她对目前的工作状态挺满意，每天朝九晚五，每个月到了缴纳社保的时候忙上几天，其他时间都还算清闲。晚上和周末用来追追剧、逛逛街、约上同学一起吃个饭看个电影，曼曼觉得知足常乐，岁月静好。

可最近的一次同学聚会上，曼曼有点被打击到了。几个大学同学纷纷表达自己最近都超忙，有忙着考雅思想明年出国再拿个学位的，有在广告公司工作一个案子一个案子连轴转的，还有利用工作以外的时间打理淘宝店还赚了点小钱的……

路风还特别给曼曼上了一课："没有哪份工作能一做就做几十年，国企是挺稳定，但你得想想，再过 5 年你的核心竞争力是什么？假如要离开现在的企业，别的公司为什么会雇用你？你能创造的价值是什么？你的不可替代性是什么？"

一连串问题让曼曼觉得有点喘不过气来，她觉得路风说的话挺有道理，自己虽然不想当女强人，但好歹也是个名牌大学的毕业生，不能允许自己在未来失去竞争力。想来想去，又咨询了一些过来人的意见，曼曼决定先考一个三级人力资源师的证书。做出这个决定有几方面的考虑，第一，曼曼大学专业学的是行政管理，现在做 HR，考一个专业证书正好可以补补课；第二，等证书考下来也可以向领导申请转岗去 HR 的其他模块工作，多学习一些人力资源的核心模块，也为以后的职业发展打下基础。

决心一下，曼曼说行动就行动，马上就按照推荐书单把教辅资料全买齐。曼曼给自己制订了计划，每天下班看一个半小时的教材，画下来重要知识点，周末用半天时间再把一周的知识点做个回顾。

第 1 周坚持的还不错，前四天都完成了读书计划，曼曼心里还挺得意，周五晚上有同事约她一起去逛街，读书计划泡汤了。曼曼想，没关系，周末两天可以再补回来。谁知道计划赶不上变化，周末被闺密拉去郊区玩，回来以后累得要命，拿起书翻了一页又放下了。

第 2 周，曼曼的学习计划保持了 3 天。

第 3 周，正好赶上一个月最忙的时间段，曼曼加了几天班，终于搞定了，学习计划当然也泡汤了。

第 4 周来临了，曼曼对自己已经不抱什么希望了……

↗ 故事的背后

你有没有在曼曼身上看到自己的影子？

看着自己比去年涨了一圈的腰围，下定决心要减肥，信誓旦旦地制订了节食计划，坚持了 1 周，参加部门聚会的时候看着满桌美食瞬间破功……

下了一个学英语的 App，定好了每天要背 50 个单词，坚持了 2 周就放弃了……

书架上堆满了最近要读的书，买了大半年了，塑料封皮还没开……

周末打开笔记本电脑时计划要开始加班写方案，但没想到在论坛上一泡就是 2 小时……

以上种种，是你吗？

别太难过，因为，你真的不是一个人！

曾经有好事之人专门分析过健身房的开卡数据，发现每年一月的办卡量总是最高的。因为，有太多的人，喜欢在一年开始的时候雄心满满地做计划，告诉自己"这是新的一年，我要活出一个新的模样"。然后，在 2 月、

3 月，又渐渐地回到了原来的生活轨道。

缺乏意志力这件事，有药可救吗？

意志力是一种能力，你要不要培养它

20 世纪 60 年代，斯坦福大学的瓦尔特·米舍尔博士在幼儿园做了一个实验。他的实验对象是 500 多名 4 岁的小朋友，这些小朋友被研究人员单独带入一个房间，研究员会送给小朋友一块棉花糖和一个铃铛，并且告诉他们，他过一会儿就会回来，假如他回来的时候小朋友还没有吃这块棉花糖的话，那小朋友还可以再得到一块。假如小朋友等不了，也可以随时摇铃，并吃掉这块。

研究员说完这句话就离开了，房间里的摄像头会记录下接下来发生的事情。

有些小朋友第一时间就把棉花糖塞进了嘴里；

有些小朋友一开始没有吃，后来忍不住了就舔一小口，然后再咬一小口，最后还是一点一点地吃完了；

有些小朋友为了抵制诱惑，会干脆用手蒙上自己的眼睛，嘴里还念念有词来分散自己的注意力。

研究员会在 15 分钟后回来，有 30%的小朋友坚持到了那个时候，并且得到了他们的第二块棉花糖。

这个实验告诉人们，孩子们面对诱惑时的抵制能力是有差别的。然而，实验并没有结束。

14 年后，瓦尔特·米舍尔博士对当年的孩子们进行了追踪，发现那些坚持等待并得到了第二块棉花糖的小朋友多年以后在学业成绩上会有更好的表现，与那些忍不住马上吃掉棉花糖的孩子相比，他们的 SAT 平均分要高出 210 分。

除了学业成绩，那些等待时间长的小朋友在其他方面也显示出了一定的优势，例如 BMI 指数（Body Mass Index，身体质量指数）更健康，社交能力更强等。

研究者特别提到，这次实验中的小朋友的父母基本上都是斯坦福大学的教师和研究生，他们在家庭背景上并无太大差别，而他们在实验中表现出的最大差别就是"自我控制能力"的高低。

这个实验在美国也引起了很多人的关注，长期以来，人们把智力当作预测成功的重要因素，而棉花糖实验颠覆了人们的认知，原来自控力和意志力更能预测人们未来的表现！

没错，意志力是一种宝贵的能力，如果要探索这种能力的本质，那么，它应该是人们控制自己马上享乐的冲动，在短期奖赏与长期奖赏（往往更有价值）之间做出选择的能力。这种能力被心理学家们称为"延迟满足"。

那么，到底要不要培养自己的意志力？

假如你是一个安于现状的人，你从来不给自己制订一些难以实现的计划，你接受自己随性散漫的现实，你的价值观是：有一块棉花糖吃就挺好了，并不想勉强自己要多一块。好的，这并不是一本妄图改变你的价值观的书，所以并不会对你展开说教或说服你，认怂也好，从心也罢，都是属于个人的自我选择。

但假如，你会常常摆荡在两种情绪之间，一种是制订计划时的斗志昂扬；另一种是被自己的欲望打败之后的自我责备，想吃到更多的棉花糖，但又纠结于自己不够强悍的意志力。那么，不妨来思考一下，应该如何做出改变。

培养意志力的一些"操作性技巧"

缺乏意志力，不能够自律的本质是什么？是无法与自己的短期欲望进行对抗。这本来就是人性。

了解人性，是知道普遍规律。探索自己，是明晰个体差异。在这基础上，人们才有可能更好地激励和约束自己。以下给出一些真正具备操作性的方法，并不见得每个都对你有效，你可以在探索与了解自我的基础上，从中选择适合自己的方式。

1. 在每一次开始行动计划前，问问自己"你到底有多想要"

先来看两个例子。

一个喊了十几年要减肥的妇女，一直断断续续采用各种方法，但从来没能坚持下来。可有一天她的儿子得了很严重的疾病，需要她捐出自己的一个肾，但如果她的体重减不下来，她的肾就达不到移植标准。于是，她产生了从来没有过的自律和意志力，每天暴走十几千米，终于减肥成功。因为，这个"目标"对她来说，太重要。

一个中年男性，一直想戒烟戒酒，少吃高糖高脂的食品，却总也管不住嘴。有一天，他突然变成了素食主义者，因为他的痛风严重发作，在医院住了好几天。医生警告他："你再这样下去，会病得更严重。"于是，他产生了从来没有过的自律。因为，他体会过了病痛的折磨，也感受到了生命的脆弱，"保持健康，好好活着"这个目标对他来说，变得前所未有的重要。

再来回想一下你的人生中，最有意志力的一个阶段是什么时候？

可能是你考研的时候，连续半年坚持每天去教室自修，风雨无阻，周末无休。

可能是你为了自己梦想中的工作开始减肥的时候，坚持每天节食和健身，天天看着体重秤上的数字一点点地往下掉。

至于我，我最有意志力的一个阶段，应该是在我怀孕的时候。作为一个极度不爱运动的人，在怀孕期间，我坚持每天午饭后一个人去办公楼旁边的小广场上快走 30 分钟；如果因为工作忙，中午没能走成，晚饭后就一定会补上；如果遇上北京的大雾霾天，我就在房间里用其他方式来补上这个运动量。工作忙和天气不好，从来没能成为借口，因为医生告诉我，要保持一定的运动量才能控制好胎儿的体重，在自然分娩的时候也更容易。而我，实在是太想能顺利生下一个健康的宝宝了。这个故事的最后，我的目标也终于达成了，用了低于平均分娩时长的时间，顺产一个七斤八两的大头儿子，至今这都是让我感到骄傲的事。

作为并不是太有意志力的大多数人，为什么人们在某一个阶段可以做到突破自己？因为彼时彼刻，人们心目中的"目标"是自己无比渴望的。

所以，在每一次想要开始一个需要动用"意志力"的计划之前，不妨问问自己这几个问题：

- 这件事对你的价值是什么？
- 如果你做到了，你会得到什么？做不到，你会损失什么？
- 这个目标真的是你真正渴望的吗？（请注意，渴望不等于愿望，两者之间的迫切程度完全不同。）

当你真正用这些问题来审视自己内心的时候，你就能发现，如果坚持每天学英语的原因只是因为同事们在做，你也想跟个风，那可能真的很难坚持，因为你并没想好这么做的价值到底是什么。但如果你明确地期望 1 年之后可以顺畅地用英文交流，然后获得一个梦寐以求的工作，那你坚持下来的可能性就会变大很多。最重要的事只有一件，而是否"重要"的衡量指标之一，就是**"你到底有多想要"**。

当你找到自己最渴望实现的事时，那再从"拉"和"推"两个角度来帮助自己朝着目标行进吧。

2. 拉——用目标激励自己

目标激励？这个法子也太老土了，人们制订计划时一定是有目标的，然而并没有什么用处好吗？

如果你的目标没能有效地激励你，有一种可能性，是你打开目标的姿势不对。那么，什么样的目标能真正起到激励作用呢？

首先应该做的是寻找自己的"对的事"；其次从这件事出发，给自己定两种不同的目标，一种以"结果"为导向，另一种以"行动"为导向。这两种目标所发挥的作用是不同的。

以结果为导向的目标

以结果为导向的目标描绘了你的自律和坚持最终带来的结果是什么。例如：

- 半年内减重 10 千克；

- 在年底考过美国研究生入学考试；

- 用 1 年的业余时间写完一本关于职场情商的书（没错，这是我的真实目标）。

围绕这个目标，你可以展开一个有声音、有画面，甚至有气味的想象，然后用这个想象来对抗你当下的欲望和惰性。

以下模拟一下这个过程。

想象一下，你的目标是半年内减重 10 千克，你已经坚持无油低脂轻食 2 周了。晚上回家，你打开冰箱想拿一瓶苏打水喝，这时你竟然看到了室友放在冰箱里的一块巧克力黑森林蛋糕！你的嘴巴里开始有唾液在分泌，因为你回忆起了上一次吃到黑森林蛋糕时那种细腻的、香甜的口感，你忍不住把手伸向蛋糕，心里想着，就吃一口，就吃一口。等等，假如这个时候你试着想一下另一个画面呢？减重 10 千克成功的你，腰围已经细了一圈，你穿着一条小黑裙，踩着高跟鞋婀娜地走在办公室里，高跟鞋敲在地板上发出清脆的声音，你倾慕已久的男同事向你投来欣赏的眼光。你那个时候会是怎样的心情？怎么样，这个画面和想象中的情绪体验有可能帮助你来对付吃一口的冲动吗？

而当我树立写下一本书的目标时，我也会时常想到这样一个画面：一本装帧精致的书，扉页上印着我的名字和个人介绍，我翻开它，闻到那种新书特有的墨香，心里充满着欣喜和骄傲。这个画面，对于我坚持写完这本书也有着强烈的激励作用。

这就是"带有画面感和情绪体验的结果"作为目标所产生的作用。

以行动为导向的目标

以结果为导向的目标可以激发你的渴望与斗志，但这个目标即使看起来合理且具体，也是距离你很遥远的。当你以这个目标为终点时，还要关注达到终点的路径与过程。所以，你还需要制订以行动为导向的目标，这个目标可以用来指导和规范你每一步的具体行动步骤，并帮助你逐渐接近终点。

还是用上面 3 个例子。

例子 1

● 结果为导向的目标：半年内减重 10 千克。

● 行动为导向的目标：每天晚上跑步 5 千米。

例子 2

● 结果为导向的目标：在年底考过美国研究生入学考试。

● 行动为导向的目标：每周保证 4 个晚上学习英语，每次不少于 2 小时。

例子 3

● 结果为导向的目标：用 1 年的业余时间写完一本关于职场情商的书。

● 行动为导向的目标：每周六下午固定为写作时间，每次完成 3 000~5 000 字。

而在接近最终目标的整个过程中，还可以根据客观情况的变化来不断调整以行动为导向的目标，如在减重的过程中，当你发现跑步作用可能不明显时，可以把行动为导向的目标修订成调整饮食结构；而在写作一本书的过程中，假如这段时间状态很好，也可以把行动目标调整成每周写作两个半天。

3. 推——各种对抗懒癌的小技巧

给力的小伙伴

早起团、跑团、阅读团……在你的周围或微信朋友圈里有没有看到过

这些字眼？一个人早起、一个人每天坚持跑步、一个人坚持每天背单词，的确有很多意志力超强的小伙伴能够做到，但对于更多人来说，加入一个组织，在组织中被具有同样目标的小伙伴们鼓舞和激励，是帮助自己坚持的好办法。

在找到小伙伴的基础上，还可以加一点其他的约束条件，如日打卡+一点点物质惩罚。具体的操作办法很简单，和你的小伙伴们约定好，先交一点活动押金，每日完成行动目标后，在微信朋友圈或其他有打卡功能的App 上打卡。以周或月为周期，坚持打卡则可以获得押金返还，没有完成打卡的同学的押金平分给其他小伙伴。

自我奖赏

人们为什么喜欢玩游戏？其中有两个重要的原因，一个是过程中的掌控感和成就感，这本身就是一种自我的内在奖赏；另一个是外在的奖赏，如在游戏排行榜上的积分上升、游戏中爆出的超级装备等，这个奖赏是即时的，紧跟在努力之后马上发生，也就对你继续玩游戏的行为构成了充分的强化作用。

可以给自己制造"被奖赏"的感觉吗？当然可以。

有些在人们眼中超级自律的人，为什么让人觉得他们非常辛苦甚至自虐，而他们自己甘之如饴呢？因为他们在做这个行为的过程中体会到了掌控感和成就感，这是他们的自我强化和奖赏。试着回想一下，你按期完成学习或工作计划时的心情，有没有很充实、很有掌控感？记住这种感觉，并为了这种感觉继续保持你的行动计划，在不断坚持与体会掌控感的过程中，你会逐渐形成自己的正向循环。

同时，也可以给自己制造外部奖赏。

我在写这本书的过程中，就会给自己刻意制造一些外部奖赏。例如，我给自己规定，每写完一个章节，就去买一条心仪已久的裙子或享受一次大餐。事实上，这些物件本来也是要买的，但将购买或消费行为和写作产出的节奏关联起来，有一种靠自己的努力获得奖赏的欣快感。也许你会觉得这是自欺欺人。其实这是一个调整自我认知与归因的过程，试试吧，也许对你也有效。

控制好你的关键时刻

当你在践行"行动目标"时，试着寻找和感知一下，哪些时刻或哪些举动有可能成为你的关键控制点，可以把它们称为"关键时刻"和"关键行为"。

例如，你的目标是每天慢跑 5 千米，你会发现，你的"关键时刻"是按约定时间要出门的那一刻，那"关键行为"是开始换衣服和穿鞋。通常情况下，只要能换完鞋子，就能完成这个慢跑目标，而如果一念之差，你"葛优躺"地躺在了沙发上，今天的目标就泡汤了。

例如，你的目标是每天晚饭后做半小时的英文阅读，你会发现，你的"关键时刻"是晚饭后的 10 分钟以内，"关键行为"是打开英文阅读 App。假如你能在这个时间段如期打开这个 App，你当晚的阅读计划就可以完成。假如你这时打开了一个视频网站或翻开了一本小说，还安慰自己说"就看一会儿，看一会儿就去读英文书"，那么，大概率下，今晚的阅读计划也没戏了。

所以，寻找和控制好你的关键时刻与关键行为，也是对抗懒癌的一大法宝。想一想，你的关键时刻是什么？

不要奢望一口吃成个胖子（这是一口反鸡汤）

科比，在他的 NBA 征程中，他得过 5 次总冠军，17 次全明星，1 座 MVP（美国职业篮球联赛最有价值球员奖，National Basketball Association Most Valuable Player Award）奖杯。当记者问他为何如此成功时，他说："你知道洛杉矶凌晨 4 点是什么样子吗？洛杉矶凌晨 4 点时满天星星，有寥落的灯光，行人很少；而我已经起床行走在黑暗的洛杉矶街道上。一天过去了，两天过去了，十多年过去了，洛杉矶黑暗没有丝毫改变；但我已变成了肌肉强健，有体能、有力量、有很高投篮命中率的运动员。"

李嘉诚，驰骋商海的前华人首富。能够让他成功的，除了他敏锐的商业头脑、果断的决策能力，还有他闻名于华人商业圈的勤奋自律。据说他的作息时间非常规律，不论几点睡觉，一定会在清晨 6 点起床，读新闻、打高尔夫，然后去办公室开始工作。数十年如一日。

你以为我是想拿这两位杰出人物高度自律的例子来激励你吗？不，不。

我是想说，拿这些励志故事对标自己不见得能有作用，因为我们距离他们的境界实在太遥远。我们需要对自己有准确而清醒的自我认知，我们大多数人都是意志力有限的平凡人，只有认识到自己的意志力是一种有限的资源，才能根据自己的底线制定切实可行的行动规划。不要奢望一口吃成个胖子，一天前还是下班回家就追剧或打游戏，一立志就要早起读书、背单词加锻炼身体，这样对自己有"超高标准"要求的结局，有可能反而是坚持几天后一松懈便打回原形。

从小目标开始，从一个小习惯的养成开始，让自己渐渐变得更有意志力，这反而是更切实也更有效的路径。

| 让自律逐渐变成习惯（这是一口带勺的鸡汤）

意志力是一种资源，你每次使用它，就会损耗掉一些。

但是，在某种情况下，你的自律行为可以不再损耗你的意志力资源。

这种情况，叫作"成为习惯"。

回想一下，你每天早上起床后叠被子吗？对于习惯叠被子的同学而言，这就是一件顺手做的事情，并不需要克服自己的惰性，因为这件事已经真正成为习惯。

我问过一位酷爱跑步的朋友是如何坚持跑步的，她本来是和我一样没什么运动天分的人。她说开始尝试跑步时有过很痛苦的阶段，但后来坚持下来慢慢变成了习惯，就变成了自然而然的事情，现在有时出差几天没跑反而觉得难受。

这种现象其实也可以用物理学的原理来解释。在物理学上有一个概念叫作"惯性"，因为有惯性，当你想要让一个物体动起来时，你需要给它一个外在的力量。这就好像你要开始一项行动计划时，你需要使用自己的意志力才能让这个计划真正被执行。但同样，因为有惯性，当一个物体动起来之后，在没有外力的情况下，它会一直保持着匀速运动，除非你再给一个相反的力，它才会停下来。这就好像你的行动逐渐成为习惯以后，你就不需要再调动自己的意志力资源来维持这项行为了，这项行为会成为一件特别自然的事情。

所以，假如你真的想成为科比或李嘉诚那样在多个方面都超级自律的人，虽然不能一口吃成个胖子，但是你可以尝试一口一口慢慢吃成个胖子。也就是说，先想想你当下最重要的事是什么，把你有限的意志力用在约束自己做这件事情上，然后等它渐渐成为习惯后，它已经变成你生活中不可或缺的一个部分，你可以不用耗费太多意志力资源就可以自然做到，然后，再去寻找你下一个发力点。

那么，养成一个习惯需要多久？人们常常说 21 天养成一个习惯，事实上，可能还需要更长时间。

伦敦大学学院的健康心理学家费莉帕·勒理在一项研究中得到一个实证数据，她要求 96 名参与者每天重复一项与健康相关的活动，如固定的时间喝一杯水、某个时段跑步 15 分钟等。研究发现，参与者们平均需要两个月来形成一个习惯，而具体的数字是 66 天。

综合考量一下"操作性技巧"，看看你可以从哪里开始下手？

你的每一步，都是在帮助你成为"更赞的自己"。

↗ B 版本的故事

这一次，并没有关于曼曼的 B 版本的故事。

因为，形成 B 版本故事的所有方法和路径，都已经在"故事的背后"里介绍了，而曼曼，实际上也可能是你们中的每一位。

期待你们能从本书的方法中，真正找到适合自己的方法，然后写出属于自己的 B 版本故事。

B 版本的你＝更好的你，你可以拥有。

 练习 9：找到适合自己的方法来培养自律

你找到自己目前最重要的事了吗？

这件事是＿＿＿＿＿＿＿＿＿＿＿＿＿＿＿＿＿＿＿＿＿＿＿＿＿

（1）问问自己：这是你真正想要的吗？你到底有多想要？

（2）想想：如何发挥目标的激励作用？

• 写下你的"以结果为导向的目标"。

• 建立关于这个目标的画面想象。

假如你的目标实现了，你头脑中出现了什么画面？会有什么声音？你会有什么样的情绪体验？

• 带着对刚刚那个画面的憧憬，制定你的"以行动为导向的目标"。

请写下来每天或每周的具体目标。

（3）想想：你准备如何对抗懒癌？

• 你准备给自己找一起完成行动目标的小伙伴吗？如果有，请写下来。

• 你们准备用什么样的方式来互相监督？

• 要不要给自己设置一些奖赏？你享受这个奖赏带来的愉悦感吗？

• 为了完成每天的行动计划，尝试寻找你的"关键行动"和"关键时刻"是什么。如果有，请写下来。

---

12 【对抗无助】
撕掉你给自己贴的标签

↗ A 版本的故事

这次是连续剧。故事的主角还是曼曼。

来想象一下，假如曼曼真的开始尝试做一些事了。

她找到了 3 个同样都是要考人力资源师资格证书的小伙伴，建了个微信群，相互督促，还能交换一下信息。

这个方法还是有用的，曼曼坚持了两周，每周都完成了预先制订的计划。

两周之后，曼曼根据原来早就制订好的计划和爸妈去泰国旅游，打包行李时，她还专门把书装到了行李里，想着飞机上有空就看一会，每天晚上也尽量抽空翻翻，哪怕看不了两小时，保持着读书的节奏就行。

结果呢？当然如你想象，两本书，怎么带去，还原封不动地带回来。

再然后呢？

中断了一周的读书节奏，怎么也续不上了，度假回来的第 1 周，曼曼只读了两天书。曼曼觉得很沮丧和自责，周末的时候下定决心要追赶进度，可又因为各种莫名其妙的原因就耽搁到了周日下午。曼曼想，这个周末反正是赶不上了，从下一周开始加油吧，于是晚上也用来追剧了。

第 2 周，所有上周发生的情节全部重演一遍。曼曼继续陷入沮丧与自责之中。

眼看离考试时间只剩下半个月了，按照目前的节奏，无论如何也学不完了。曼曼回想起自己以前每一次制订计划又放弃后的经历：

某一年想要坚持跑步，坚持了两周后来就越跑越少。

六级考之前制订了背单词的计划，背到 H 就再也没往下进行了，还好后来

还是及格了。

曾经想要每天下班给自己做少油少盐的健康餐，还专门买了好多餐具，后来餐具都闲置了，还是继续天天吃外卖。

她想："我就是个没毅力没耐性的人，这次就这么着吧。考试报名费都交了，到时候随便去考考，能过就过，不能过明年再说。反正今年拿了证对我也没什么大用。"

↗ 故事的背后

曼曼的情况，用通俗的话讲叫作"破罐子破摔"，而在心理学上，有一个学术名词来描述这种现象，叫作习得性无助。

这种无助感会让人们放弃努力，偏离朝向目标的轨道。以下来讨论一下如何对抗习得性无助。

▎实验室里发现的习得性无助

积极心理学之父马丁·赛利格曼在 20 世纪的心理学实验室中用狗作为实验对象，向人们展示了动物们是如何变得"无助"的。

实验者们把狗分成 3 组，这些狗会被放在一个可被观察的大箱子中。

第 1 组狗会被电击，但同时，它们只要用鼻子去推墙上的一块板，电击就会停下来。所以，它们是有控制力的。

第 2 组狗同样会被电击，它们所承受的电击和第 1 组的强度与次数相同，但无论它们做什么，都无法让电击停止。

第 3 组是控制组，不接受任何电击。

经过一段时间后，实验者把 3 组动物都放进一个箱子里，在这个箱子中，当其中一侧被电击时，动物们可以跳过矮闸到另一侧，就可以躲避电击了。结果如何？第 1 组动物用了几秒就发现可以通过跳过矮闸来逃避电击；第 3 组，那些从未被电击过的狗也很快掌握了这个窍门；而第 2 组狗，它们停留在有电击的这一侧，没有做出任何尝试。

为什么会发生这种情况？对于第 2 组狗来说，它们也曾经在被电击的时候尝试逃跑，最后发现于事无补，它们最终得到了这样一个认知"不管我们怎么努力，结果都不会改变"，于是，当换了一个箱子时，即使它们有条件逃避电击，它们仍然放弃了努力。这个现象被马丁·赛利格曼教授命名为"习得性无助"，这种无助的感觉是通过过往的经验逐渐"习得"的。

▍生活与职场中的"习得性无助"

习得性无助不仅发生在实验室中，也不仅发生在动物身上。回忆你从小到大的经历，有没有过类似的故事。

我是老师眼里的"坏学生"。其实，我并不想做个坏学生，我也尝试过让老师喜欢我，可不管我怎么努力，从来都没得到过老师的关注和表扬，反而总是得到冷眼和斥责。好吧，那就这样吧，我就如你们所愿，安心做个坏学生。

我是一个新入职的电话销售，我的工作就是每天不停地打出电话，向电话那一端的陌生人推销我们公司的产品。第一天上午，我打了 30 个电话，没有一个通话时长超出 15 秒，每次电话被挂断时，听筒里的嘟嘟声真是让人觉得无比难受。到了下午，我一点拿起听筒的勇气都没有。周围的人都在哇啦哇啦地跟客户讲话，只有我在发呆，哎，我应该不是干这行的料。

这些用"第一人称"讲述的故事，就是生活和工作中的习得性无助。正如马丁教授在他的书中所说："习得性无助是一个放弃的反应，是源自'无论怎么努力都于事无补'的想法。"

习得性无助会带来放弃。在有些情况下，懂得放弃无谓的努力是人们学习避免遭受伤害的一种方式，也是成熟和智慧的表现。但这种放弃应该是基于对客观现实的理性分析与判断，而不是基于兜兜转转之后深刻的无助感和无力感。当人们因为"无助感"而放弃时，其实是给自己贴了一个标签，标签上写着"我压根做不成这件事"，而在这个标签之下，你彻底失去了再次尝试的勇气。

反观职场中的佼佼者，他们一定会有一个共同的特质，就是不给自己设置局限，他们不会轻易地说："我不行"，而是总保持着这样的心态："试试看，方法总是有的。"

▎为什么会出现"习得性无助"

为什么在同样的打击之下，有的人越挫越勇，有的人就会轻言放弃？

马丁·赛利格曼在他的理论中提出，个体在不同的成长环境和教育方式下逐渐形成了不同的"解释风格"，也就是人们的归因方式，当个体更倾向于把问题的原因解释为"稳定的""内在的""普遍的"因素时，就越容易产生习得性无助。

所谓稳定的，是指这个原因会稳定持续地存在，不会因为时间不同而改变；所谓内在的，是指和个人特质或能力有关的原因，只要是这个人去做，那结果就不会改变；所谓普遍的，是指在大多数情况下这些原因都会存在。

假如以刚刚讲到的电话销售员为例，当他打出 3 个电话，但都很快被人挂断时，他可能这样解释：

- 人们都不爱接这样的推销电话（普遍的原因，大多数人都这样，很难改变）；

- 我自己没有办法让人们在短时间内愿意听我继续说下去（内在的原因，与个人能力和特质有关，短时间内很难改变）；

- 这种电话销售办法有问题，根本行不通（稳定的原因，靠自己很难改变）。

在以上这样的解释之下，他很容易产生习得性无助的感觉，因为他会觉得再努力也不可能改变结果了。

但那些成功的电话销售会怎么解释之前失败的 30 个电话呢？他们会想：

- 今天上午运气不太好，下午应该就好了（非稳定的原因，随着时间可以改变；非内在的原因，不是我自己的能力有问题）；

- 这些人恰好不是我的目标客户（非普遍的原因，换一些客户就好了）；
- 这个时间段恰好不是打电话的好时机，换个时间段应该会不一样（非稳定的原因，试试其他时间段）。

于是，他们稍做调整后重新开始尝试。

回想你上一次给自己的失败或挫折进行归因时，你认为失败的原因是什么？这个原因是"稳定的""内在的""普遍的"因素吗？

撕掉给自己的标签

"习得性无助"的状态可以改变吗？不容易，但可以试试。

1. 使用情绪 ABC 理论工具

假如你曾经为"习得性无助"带来的沮丧感而困扰，那可以尝试情绪 ABC 理论工具，通过觉察、辩论来撕掉自己贴给自己的标签。

还记得在情绪 ABC 理论中讲到辩论时的核心吗？就是要打破自己 3 种不合理的理念，分别是：

- 绝对化要求的；
- 过于概括化的；
- 过于扩大的糟糕想法。

为了对抗习得性无助，还可以找出自己是不是在做一些对"稳定的""内在的""普遍的"因素的归因，并尝试着和这些归因来进行自我辩论。

之后在 B 版本故事里会用曼曼的故事来做个示例。

2. 发现你"真正想做的事"

当曼曼要放弃时，她想到了自己过往的好几次制订计划又再放弃的经历。跑步、背单词、自己做饭，每次都是信誓旦旦地开始，然后灰头土脸或悄无声息地结束。然后曼曼给自己贴上了标签："我就是一个没毅力的人。"

人们最应该警惕的事：伴随着在不同事件上的挫败，习得性无助开始扩散和泛化，于是从整体上否定了自己。

其实回想起来，很多时候人们没有真正坚持下来，一方面是因为自己没有足够的自律能力，另一方面是因为"坚持"这件事本身对自己的意义没有那么重要。

不跑步，身体也还是挺好，短期之内没有大的变化；不背单词，实际上六级也能过，只是分数低一点；不做健康餐，每天吃外卖也挺开心的，还能换着花样吃……

假如每次给自己制订计划时，都是一时兴起，或者看到别人这么做，也跟着凑个热闹，那结局往往只能以"放弃"收场。归根结底来说，还是因为："你其实并没有那么想要。"

而这样做的负面作用就在于，在一次又一次"自己没那么想要"的事情上遭遇"制订计划—三分钟热度—冷却—放弃—自责"的循环，最后难免会在数次放弃带来的消极情绪体验后给自己贴上一个"没意志力"的标签。

所以，要撕下这个标签，还是要从找到自己真正想做的事情开始。当你在自己真正想做的事情中体会到乐趣时，你会更愿意坚持，然后获得掌控感，进而获得更多乐趣，这时，你就建立了一个正向的循环。

↗ B版本的故事

在同学聚会上受到了刺激的曼曼，决定也要开始向同学们学习，不再荒废自己的业余时间。她报考了人力资源师资格证书，还找到了3个同样都是要考人力资源师资格证书的小伙伴，建了个微信群，相互督促。

坚持了两周之后，曼曼根据原来早就制订好的计划和爸妈去泰国旅游，一周都没有读书。回来以后，中断了的读书节奏怎么也续不上了。眼看离考试时间只剩下半个月，曼曼觉得，按照目前的节奏，无论如何也学不完了。在从公司回家的班车上，曼曼默默想着，哎，我真的是个没毅力、没耐性的人，今年肯定是考不过了，就这样吧。

回到家，曼曼有点不甘心，她翻出之前看过的积极心理学的书籍，用其中讲到的ABCDE法开始自我练习。曼曼使用ABCDE法的过程如表12.1所示。

表 12.1　曼曼使用 ABCDE 法的过程

激发事件 A（Activating event）	保持了一段时间的学习节奏被打破了，尝试恢复但并没有成功
思绪或信念 B（Belief）	（1）我就是个没毅力、没耐性的人（稳定的、内在的归因） （2）现在反正也赶不上进度了，今年肯定过不了（夸大了糟糕的结果）
后果 C（Consequence）	放弃努力，并放弃在今年参加考试
反驳 D（Disputation）	（1）其实前段时间坚持得不错，那些激励自己的方式都还是挺有效的，只是因为去旅游稍微打乱了下节奏而已（不把原因归结为自己的内在品质） （2）虽然进度落后了一些，但我现在恢复节奏在考试之前应该还是可以看完一大半的，今年通过考试还是有希望的，即使考不过，学到的东西总还是有用的（不把问题往糟糕的地方想）
有效的行为 E（Effective behavior）	？？

有效的行为是什么呢？

曼曼觉得，自己找回了一点信心。曼曼拿出了书，在灯下翻开，心里默默地决定：无论最终结果如何，今年一定要去试试。

 练习 10：寻找与体会心流

先来做一点扩展阅读，关于心流。

与无助感和挫败感相对的一种感觉是成就感与效能感。

在什么时候，你会体会到成就感与效能感？心理学家米哈里·希斯赞特米哈伊提出了一个称作"心流"的概念。他认为心流是"一种将个人精力完全投注在某种活动上的感觉"；心流产生时会有高度的兴奋感及充实感。

米哈里认为，使心流发生的活动有以下特征：

- 人们倾向去参与的活动；

- 有清楚目标的活动；
- 有立即回馈的活动；
- 人们对这项活动有主控感；
- 在参与活动时人们的忧虑感消失；
- 主观的时间感改变，如可以很长时间地参与活动而没感觉时间的消逝。

同时，心流的产生与"任务难度"和"能力"之间的匹配度也有很大的关联。如果能力低而任务难度高，人们会感到焦虑，是不可能进入心流的；如果能力高而任务难度低（如重复地糊信封、机械地处理数据），人们可能觉得无聊；只有能力和任务难度匹配时，人们才有可能进入心流状态。

因为兴趣和能力的不同，每个人的"心流"状态可以完全来自不同的领域和任务。一个工匠可能在雕塑一件工艺品时体会心流，一个高中生可能在解答一张奥数卷子时体会心流，一位代码高手可能在编程的过程中进入心流，很多小伙伴在打网络游戏时也可以达到"心流"的状态。

现在，请回忆你过去在工作或生活中的经历。

（1）你有过心流的感觉吗？

（2）你在哪种类型的任务中最容易达到心流的状态，或者近似心流的状态？

（3）这些任务为什么会带给你心流的状态？它们对于你的吸引力体现在哪里？

（4）对自己"心流"状态的寻找，也是找到对生活与工作的掌控感的一种途径，现在，你觉得有什么收获或启发吗？

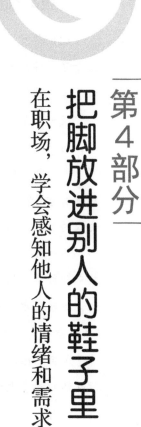

第 4 部分

把脚放进别人的鞋子里

在职场，学会感知他人的情绪和需求

你觉得无所谓的一个举动，也许触碰了别人的底线；你开玩笑时说的一句话，却恰好戳中了别人的伤心事；你找人帮忙被拒绝了，却还傻傻不知道原因是什么……这些都是因为你还没有学会感知他人的情绪和需求。对于职场人而言，这实在是一种太重要的能力。

13 【理解他人】
同理心，职场中最值得培养和发展的能力

↗ A 版本的故事

还记得叶子吗？就是出现在本书开篇的那位小伙伴。她在开始实习的第二天干了一件乌龙的事件，给总监端上了一个装着冷茶水的杯子。而在接下来的日子里，她的职场生活还顺利吗？以下再来讲几个关于她的小故事。

某一天早上，叶子在楼道里遇到了部门总监，她赶快把表情调整到微笑状态，对着总监说了句"早"。然而，总监好像没有听到似的，从她身边走过去了。那一刻，叶子觉得心情跌到了谷底，她忍不住开始胡思乱想，总监是不是对她有意见？所以才不愿意理她？而事实上，总监当时正在构思早上一个重要会议的发言，而叶子说话的声音其实又特别小，他是真的没有听到。

某一天，市场部要组织一次新闻发布会，叶子负责现场茶歇采买。她找行政部预订了几箱矿泉水，说好了需要送到指定的会议地点。行政部同事按时送到，把矿泉水放在会议室门口，叶子问对方能不能帮忙搬到会场里，对方说："不好意思，我还得赶回去处理另一件事，你找你们部门同事帮一下忙。"后来叶子是自己搬的，好几箱矿泉水，累坏了。她很生气，回到宿舍还和同学抱怨：行政部的同事太过分了，这点忙也不帮，害得我差点闪了腰。

还有一次，叶子和部门的几个小伙伴一起吃午饭，大家年龄相仿，平时聊天也都还算投机。其中一个姑娘聊起了她的猫，她说："我家猫咪生病了，前两天带它去了宠物医院，估计要做个小手术。哎，看它生病的样子，还挺可怜的。"叶子接下话茬说："做个手术得一两千元吧，花这么多钱在一只动物身上啊，哎，如果是我，我宁可拿来买个包。"那个姑娘似乎有点不太开心，但还是和她解释了一下，说："动物养的时间长了，都是有感情的，就好像家里的一分子，这个和包不能比。"叶子耸了耸肩膀，说："哦，我觉得养狗还行，狗比较通人性，养猫真的挺麻烦的，掉毛掉得到处都是。原来我表姐家养过一只猫，我每次去她们家做客都沾一身白色的猫毛。"那个姑娘不说话了，现场气氛显得有点尴尬。

↗ 故事的背后

你的身边有没有叶子这样的小伙伴？在生活中，人们会说这样的人"情商低""没有眼力见儿""以自我为中心"。那么，她的情商低，到底低在哪儿呢？答案是缺乏同理心。

同理心是指能够站在他人的角度考虑，从而认识、理解他人的情绪、想法和需求的一种能力。也就是人们常说的"换位思考"，或者"把脚放进对方的鞋子里"。应该怎样做才能提升自己的同理心？

| 同理心的基础：从理解冰山理论开始

1912 年 4 月，一艘当时世界上最庞大、最豪华的巨型邮轮从英国的南安普顿出发，驶向美国纽约。这是它的处女航。然而，出发几天之后，这艘享有"永不沉没"美誉的邮轮因为与冰山相撞沉入海底。

这艘邮轮就是著名的泰坦尼克号。

冰山的撞击为什么会有如此之大的杀伤力？假如你的物理足够好，你一定能够根据阿基米德定律计算出来，每一座冰山，浮出水面的部分只能占到整个体积的 10%，其他 90% 都沉在海水之下，在海面上完全看不见。

临床心理学大师萨提亚用"冰山"来隐喻每个人。每个人都像漂浮在水面上的巨大冰山，你的行为和语言都是能够被其他人直接看到的，这就像冰山露在水面上的那个部分，其实只是属于自己的很小一部分。而其他藏在水面之下的，是你内在的情绪感受、信念、认知、期待、渴望。你所说的话和行为并不能代表真正的、全部的你，冰山上加上冰山下的部分，才是完整的你。

在人际交往的过程中，你不妨尝试着用"冰山理论"去理解其他人，这是养成同理心的基础。

为了便于理解，本书把萨提亚的冰山理论稍做简化，只讲解"行为和语言""感受和情绪""信念""需求"4 个最重要的因素。

行为和语言，是指可以直接看到的外在表现及听到的语言表达。

感受和情绪，是指在这些行为和语言背后，当事人并没有直接说出口，但内心产生的感受。人们常说"喜怒不形于色"，"不形于色"就是指外在行为，而"喜怒"就是当事人的感受和情绪。

信念，可以用情绪 ABC 理论中的 B 来理解，就是人们对于外在事件的看法和评价。信念往往是引发情绪的关键因素。

需求，是冰山最下面的要素，是指当事人在当时那个情境之中到底想要什么。需求往往是人们最原始的驱动力。

冰山模型如图 13.1 所示。

图 13.1　冰山模型

以下举个例子。

《生活大爆炸》中有这样一个人物角色，一个典型的高智商低情商的物理学博士，谢尔顿。

谢尔顿在生活中有很多怪癖，如敲门时一定要敲三下，如果只敲了两下对方就开门了，那就在门框上再补一下；每周的食谱、作息安排必须遵从固定的规律，周一是泰国菜日，周二是汉堡日，然后依次是奶油土豆汤日、比萨日、中餐日……每样物品严格按照规律来收纳，盒子上要贴上一个标签……他甚至要和自己的室友签订一份 100 多个条款的室友协议，以此保证在同室居住的过程中，一切都能按照他的规则进行。

假如用冰山理论来理解谢尔顿，上述的种种行为都是冰山上的部分。如果你并没有看过《生活大爆炸》，也完全不了解谢尔顿，那当你听说了这些时，你可能觉得他有"强迫倾向"，认为他偏执且不好相处，你并不希望和这样的人做朋友。

然而，假如你看过《生活大爆炸》这部美剧，你可能反而会喜欢上这个人物，觉得他其实有很多可爱的地方。为什么呢？因为你对这个人物有了更丰满、立体的认识。你已经知道，作为一个高智商的物理学家，谢尔顿对规则、精准和秩序有着非常高的需求，他认为生活中应该充满秩序，而当秩序被打破时，他会觉得难受和无所适从。这时，你已经不仅是了解他冰山上的部分，而是开始探询他冰山下的内容，包括他的"感受和情绪""信念""需求"。

谢尔顿的冰山分析如表 13.1 所示。

表 13.1　谢尔顿的冰山分析

行为	敲门时一定要敲三下，每周的食谱、作息安排必须遵从固定的规律，每样物品严格按照规律来收纳
感受和情绪	当秩序被打破时，焦虑不安、无所适从
信念	生活中应该充满秩序，周围的人和事需要符合他的秩序
需求	维持规则、精准、秩序

当你了解到冰山下的部分时，你会觉得，他的行为并不是那么怪异和偏执，是可以被理解的，你会愿意迁就他。

你甚至有可能觉得，他对所有人所有的事物都保持统一的衡量标准，这很可贵；他有一颗赤子之心，这很可爱；他虽然偏执，但并不是不讲道理，如果你在逻辑上能证明你是对的，他就会接受，这很真诚。

对于谢尔顿，你已经有了同理心。

假如再深入一层？

在第 10 季第 5 集中，谢尔顿与好朋友潘妮发生了这样的对话："潘妮，我要给你讲一个从来没跟任何人讲过的故事。当时我 13 岁，我提早回家，我妈妈去参加圣经研读班了，我走进房子，本以为没人在家，却听到我父母的房间里有声音。我打开房门，却看到了我父亲和另一个女人在"结合"（这就是谢尔顿的语言风格）。所以，从此以后我开任何门都需要敲三次，第一次是礼貌，第二次和第三次是为了让人们把裤子穿上。"

你可以把这个故事当作编剧的恶趣味，因为《生活大爆炸》本来就是一个搞笑的剧集。然而，这个故事多少会让人们有一点被冲击到。假如你嘲笑过谢尔顿每次敲门敲三次的强迫症，那听到了这段缘由，会不会有一些内疚？

这就是要先介绍"冰山理论"的原因。只有当人们意识到，自己看到的其他人的行为、听到的其他人说的话，都并不能代表这个人的全部时，才会不轻易地为别人贴上某一种标签，也才有可能通过对方的行为和语言，试着站在对方的角度思考，从而体察他那一刻的需求、信念和情绪。

这是尝试培养同理心的基础。

同理心的培养

1. 学会倾听，同理心在萌发

怎样才能通过冰山上的内容，探询、感知对方冰山下的内容？

必须学会倾听。

在人际沟通中，有 4 个同样都非常重要的动作，分别是听、说、读、写。耐人寻味的是，假如回忆一下从小到大接受的学校教育，人们会发现，自己在学习如何说、如何读、如何写上都花了不少的时间，然而，似乎并没有分配太多的时间学习"如何听"。

你可能学习过一些关于听的技巧，例如：

- 目光真诚地注视着对方；
- 身体微微前倾；
- 不时点头以表现出对对方的关注；
- 不打断对方。

以上技巧有用，但不够，因为这些技巧教会你做出"听"的样子，还未触及倾听的实质。以下介绍倾听的不同层次。

不同层次的听

层次一　敷衍着听

有些时候，你不愿意听，但又不能走开，如儿女面对爸妈的叮嘱、老公面对老婆的唠叨时。于是，人的确是在场，但别人传递的信息从左耳进，又从右耳出。这时，你甚至连认真听的样子都没有做出，只是在敷衍着听。

层次二　假装听

有时，你做出了听的样子，甚至是认真在听的样子，但并没有真正吸收到对方传递的信息。例如，在一些不太想参加但又必须去的会议上，其他部门同事在向你提需求或抱怨时。

层次三　认真听

更多时候，你不仅做出了听的样子，而且的确在认真、专注地听，但只把焦点放在了对方说的语意上。这时，你记住了对方说的话，甚至每个字，但不见得理解对方真正的意图。

举个最简单的例子，当一对情侣闹别扭时，女孩子会说："没事，我没生气，你走吧。"假如男生当真转身就走，一定会贻误解决矛盾的最好时机。男孩子也许会觉得委屈："是你让我走的啊。"没错，男孩子在这时做到了认真听、专注听，他准确地理解了女朋友传递的"语意信息"，但没有理解对方的真实意图。这时，他需要突破到下一个层次：立体倾听。

层次四　立体倾听

立体倾听是听的最高层次，也是真正带着同理心的倾听。

不仅注意对方传递的语言信息，同时也关注对方说话时的声音、情绪、假设、出发点、身体语言、环境和其他细微的变化，以全面了解对方的真实意图和需求。

如何做到立体倾听

要做到立体倾听难吗？

既难，也不难。

说难，是因为要真正通过立体倾听准确地把握沟通对象的情绪、需求与意图，的确不易，需要在有意识的练习中不断提高自己的人际敏感度。这是一种技能。

说不难，是因为，只要你想，你都可以尝试，改变原来敷衍听、假装听或只听语意信息的方式，开始挖掘更多的信息。这种尝试的开始，与技能无关，只关乎于你是否愿意。这是一种态度。

那如何开始尝试立体倾听？

中国的古人早就用繁体字的"聽"告诉了人们这其中的秘诀。

在繁体字的"聽"中，可以拆解出这样几个字：王、耳、目、心。

"王"：所谓听者为王，它提示人们，在沟通过程中，听是非常重要的一个动作。

"耳"：告诉人们，要用人们的耳朵去听对方表达的语意信息，这是冰山上的内容。

"目"：告诉人们，在听语音信息的同时，要用眼睛观察，留意对方的表情、动作、周围的环境，从而捕捉对方的感受和情绪。

"心"：告诉人们，要用心思考，结合人们听到的和看到的，思考对方的信念和想法是什么，进而发现对方的真实需求。

当本章节开始的故事中的叶子和同事发生了一段关于宠物的对话时，

现场的气氛显得有些尴尬。在这一段对话中，叶子做到了认真听，她获取到了对方传递的每个重要的语意信息，而她的回应也完全符合逻辑，很有针对性。

如果她能够从认真听上升一个层次，变成立体倾听呢？叶子的立体倾听分析如表 13.2 所示。

表 13.2　叶子的立体倾听分析

立体倾听挖掘冰山下的信息		
用耳朵听	语言	我家猫咪生病了，前两天带它去了宠物医院，估计要做个小手术。哎，看它生病的样子，还挺可怜的
用眼睛观察	感受和情绪	心疼猫咪，难过
用心思考和体察	信念	宠物是我生命中很重要的伙伴
	需求	我需要得到别人的理解与安慰

假如叶子能够通过立体倾听了解到表 13.2 中的这些信息，她就具备了对同事的同理心。而当叶子有了这份同理心时，她就能产生"假如是我，在这个时候肯定不喜欢别人再来评判我"的想法。那么，即使她再不喜欢养猫，这时也不至于耿直地去表达对同事观点与行为的负面评价。

到底是什么阻止了倾听

当人们尝试倾听时，依然会碰到一些来自自己的阻碍，影响人们建立真正的同理心。这些阻碍具体如下。

无法控制自己想说的欲望

回想一下你过去和别人聊天的过程，是不是自己想说、想表达的欲望会大过于听别人说的欲望？的确，大多数人都是如此。

解决这个问题并无良策，只有不断地用先贤苏格拉底的话来提醒自己："上天赐给每个人两只耳朵，一双眼睛，而只有一张嘴巴，就是要求人们多听多看，少说话。"

懂得控制自己表达的欲望，才能成为一个好的倾听者，也才能真正沉

下心来去立体倾听对方到底在表达什么。

内心将对方和自己做比较

在开场的故事里，叶子就将对方和自己做了比较："给猫做个手术得一两千元吧？如果是我，宁可用这个钱来买个包。"如果在生活中遇到了叶子这样的姑娘，可能还会在心里嘲笑她，这姑娘，竟然把口无遮拦当作坦诚直率。然而，人们有时也会去做这个比较，只不过会默默放在心里：

"他这样做有点过分了，如果是我，我肯定不会这样做。"

"这件事很简单啊，我每次都能做到，他为什么就不行呢？"

"我即使生病也没落下过工作，他怎么一点小病就要请假呢？"

当人们内心有这样的声音时，人们的同理心也正在收敛。同理心要求人们站在对方的角度去思考与感受，而内心里将自己和对方做比较，恰恰是背道而驰。

马上就想替对方解决问题

很多时候，沟通对象只是想找你诉诉苦，他们要的是感情上的支持与安慰，并不一定是要一个切实的解决方案。当你把焦点放在对方说的"语意信息"上时，容易立即从逻辑与理性出发，帮助对方寻找切实的方案。

所以，在听别人说话时，试着把"马上替他解决问题"这个冲动放下，再多听听对方的真实需求到底是什么。

2. 放下预设，同理心在成长

预设，是指人们在人际交往的过程中对于交往对象预先形成的印象、想法或期待。预设有可能让你变得不客观、不理性，甚至让你过度解读获取的信息，从而失去同理他人的机会与能力。

叶子与市场部总监的互动就是一个典型的例子。因为本书开篇提到的杯子事件，叶子其实已经很忐忑了，她揣测，总监已经对她有看法了、不喜欢她了。请注意，为什么说这只是叶子的揣测，而不是事实呢？因为的确并没有其他信号与证据来支持叶子的这个观点。要知道，一个实习生与总监在工作中的互动其实是非常少的，叶子并没有足够的机会来验证"总监对她有看法"这个揣测。然而，当这天早上叶子和总监打招呼，没有得到回应时，因为有着之前的预设，她开始过度解读总监的反应了。

"他不理我，一定是对我有意见！"

这个推论实在是高估了自己对总监的影响力，也低估了总监的职业素养。

假如叶子能放下自己之前的揣测，也许可以更加平常心地看待这天早上的小事件。

想一想你在工作中有没有遇到过这样的情况？

觉得另一个部门的某个同事特别不好打交道，当有事需要他帮忙，而他拒绝了你时，你也许会觉得，他是故意的，就是不想帮忙！但如果是一个平时很好说话的同事拒绝了你，你会觉得他是真的忙不过来。

在这个场景中，你就因为"预设"放弃了同理别人的这个动作。

放下"预设"并不是一件容易的事，每个人做出每一个对人对事的评价时，都是基于自己原有的知识、经验、经历和价值观的，没有人可以随时清零自己，带着完全没有预设的视角去看待世界。而你要做的，是在每一次要对别人产生评判和指责时，记得提醒自己，你的"有色眼镜"摘下来了吗？

放下预设，才能就事论事，而不是因人废言，这是发展同理心的重要一步。

3. 理解差异，同理心在壮大

我出生在北方的一个小城市，上大学的时候，我离开家乡去上海读书。刚到上海，听到同宿舍的室友讲她和男朋友出去约会通过 AA 来分担费用时，我觉得很不解。一般来说在北方，约会的时候男生怎么可能让女生花钱呢，这也显得太抠门了。

时至今日，我已经非常能够接受 AA 制的约会了，但周围也会有人和当年的我有一样的想法。AA 也好，某一方承担也罢，这两种做法其实并没有对错之分。但如果一个女生因为男生要求 AA 而做出"他很抠门"这样的判断，就会显得有些武断了。他做出这样的选择，也许并不是抠门，只是因为他的生长环境、他所接受的教育让他具备了这样的价值观念而已。他在约会的时候选择 AA，但也许每年会为贫困山区的孩子捐助一个月的工资，他真的"抠门"吗？

这一件小事却也折射出这样一个道理：人和人之间，是如此的不同。这种不同，体现在性别、年龄、教育背景、工作经历、成长地域、性格特征、价值观念、职责分工等方面。这些不同都会成为人们沟通中分歧与误解的来源。

为什么需要培养自己的同理心？因为每个人都是不同的。

在差异很小的两个人之间，如你和你的哥们儿或闺密，你并不需要费什么力气，就能够理解他们的想法和感受。而差异越多，你越需要花更多的心力去同理别人，去理解他的冰山之下。

以下举几个例子。

还记得之前故事的小扬吗？当他的上级林琳要求他调整文本中的标点、字号、行间距和配色时，小扬觉得林琳抓小放大。但林琳觉得，逻辑框架当然重要，但文本的整齐和标准是职业化素养的基本反映。这两种不同的观点，源于两个人不同的职业成长背景。小扬工作后的第一个上级大鹏的工作风格相对来说不是特别关注细节，小扬受大鹏影响，也形成了这样的观念。林琳进入职场后的第一份工作是咨询顾问，她的第一任上级对她在细节上的要求非常高，她自然也会对自己及下属在这个方面有着严格的要求。假如小扬能够体会自己和林琳之间的差异，他就可以理解，林琳并不是针对他，而是秉承着自己一贯的工作风格。

本章节开篇时提到的叶子，当行政部的同事拒绝帮忙时，她很气愤。假如她能够理解，她和行政部同事本来就有职责分工的差异，帮助她并不是同事的分内之事，假如时间充裕，做一下也无可厚非，但假如还有其他事情，那的确就没办法在这件事情上分配时间了。对于叶子来说非常重要紧急的事情，对于对方而言，却是在所有事情中优先级最低的，这是两个人分工职责的差异造成的。为此而气愤，并且指责对方没有怜香惜玉的精神，实在是大可不必。

因为差异而带来沟通障碍的例子，在职场中还真的不少。

老成持重的 70 后前辈，面对更加崇尚自由的 90 后小朋友，可能给他们贴上没有责任心的标签。这是代际差异带来的相互不理解。

一个多元文化的企业里，外资企业背景的同事觉得民营企业背景的人太土，而民营企业背景的人反而觉得外资背景的同事太装。这是工作与成长背景的差异惹的祸。

在大多数的企业里，销售团队的人总会觉得财务部的同事呆板教条，财务的同事又觉得销售的同事不靠谱，总想变着法子突破公司的制度。这是人们所说的"屁股决定脑袋"，工作职责的不同使得他们思考问题的方向总是不同的。

而在一个覆盖全国省份的大公司里，即使同样的职业背景、同样的工作职责，南方的同事也可能觉得北方的同事做事太粗犷，答应得爽快，行动得缓慢；而北方的同事可能又觉得南方同事小家子气，婆婆妈妈。这是地域文化差异带来的分歧。

然而，当人们去观察职场中那些"高情商"人士时，发现他们常常有着"老少咸宜""土洋通吃"的特点。正是因为他们能够深刻地理解与认知人和人之间的差异，从而也就对周围不同的人具备了更强的同理心。

所以，认识差异，并不是为了让你忽略差异，更不是为了让你改变自己迎合别人。认识差异并理解差异，是为了提醒自己：**那些人做出一些你认为不对、不能认同的行为，并不是因为他们偏执、刻板、小气、封闭，更不是因为对你有敌意，故意和你对着干，只是因为你们"不同"而已。**

▎有了同理心之后

在这个章节中，我一直强调同理别人，你可能有这样的疑问：

"我去同理别人了，谁来同理我？"

"有些人的确是很不可理喻，我为什么要去同理他？"

所以，我有必要澄清一下，同理的目的到底是什么。

"是为了在理解别人的基础上取悦别人吗？"

"是为了在理解别人的基础上认同他的想法和做法吗？"

不！同理并不等于同意。

有同理心，并不是接受和同意对方所有的观点或立场。有同理心，是帮助你理解对方为何持有与你不同的观点或立场，你接受"存在差异"这个事实，而不是全盘接受他的想法和要求。

培养自己的同理心，对你至少有两个方面的收益。

一是仅就个人的情绪与心态而言，有同理心的人能更客观地看待他人的行为，不过度解读、不臆测别人是不是对自己有敌意，从而能够拥有更平和的情绪状态。

二是从提升解决问题的效率来看，同理心强的人才能够找到对方真正的需求和痛点，从而用对方能接受的沟通方式来说服和影响对方，解决问题，寻求共赢。

↗ B 版本的故事

还是叶子的故事，但是，假如她的同理心得到了提升。

某天早上，叶子在楼道里遇到了部门总监，她赶快把表情调整到微笑状态，对着总监说了句"早"。然而，总监好像没有听到似的，从她身边走过去了。叶子发现总监皱着眉，神色凝重，她想：他肯定是在思考什么重要的问题。应该是没听到我说话。下次我再打招呼声音得大点。

某天，市场部要组织一次新闻发布会，叶子负责现场茶歇采买。她找行政部预订了几箱矿泉水，说好了需要送到指定的会议地点。行政部同事按时送到，把矿泉水放在会议室门口，叶子问对方能不能帮忙搬到会场里，对方说："我还得赶回去处理另一件事，你找你们部门的同事帮一下忙。"叶子说："好的，好的，你赶快忙去吧，多谢你啊，这么大热天儿地帮我送水。"行政部的同事反而有点不好意思了，赶紧解释说："今天是真不巧，还得去帮另一个部门送物资，那边也赶着要，下次有空儿一定帮你！"

还有一次，叶子和部门的几个小伙伴一起吃午饭，大家年龄相仿，平时聊天也都还聊得比较投机。其中一个姑娘聊起了她的猫，她说："我家猫咪生病了，前两天带它去了宠物医院，估计要做个小手术。哎，看它生病的样子，还挺可怜的。"叶子接下话茬说："是啊，虽说是小手术，对小猫咪来说也算个大事了。是不是还挺心疼它的？"对方使劲点了点头，然后问："你也养猫吗？"叶子说："我没养过，我连自己都照顾不好，就不祸害小动物了。不过看以前亲戚家养过，能体会你那种感受。"两个人又聊了几句，话题就转移到了其他方面。整个午餐还和平时一样，气氛和谐，相谈甚欢。

 练习 11：探询他人的"冰山"

还记得你上一次和别人发生冲突是在什么时候吗？假如你很少和别人发生直面的冲突，那可以回想一下，上一次在人际互动中对别人有一些不满和意见时的情形。

（1）当时发生了什么？

（2）当时的你，对于对方有什么评价或印象？

固执？暴躁？教条？不懂变通？或者是其他的感受？写下来。

（3）试着回想当时对方的语言和行为，要立体倾听、要放下预设、要理解你和对方之间的差异。现在，可以还原一下对方的"冰山"吗？将对方的"冰山"还原，填入表 13.3 中。

表 13.3　对方的"冰山"

行为	
感受和情绪	
信念	
需求	

14 【理解同事】
别人凭什么要帮你

↗ A 版本的故事

大东是一家公司的培训主管，他的主要职责是组织公司的各类培训项目。

这一次，他接到一个任务，组织一次销售骨干的能力提升培训营。在策划项目时，他做了学员访谈，很多人都提到希望能听到公司的 Top sales（最佳销售）曹锋的经验分享，大家都说他在大客户方面有自己独特的套路，很值得学习。

大东和曹锋认识，但不熟。大东帮销售部门组织过一次拓展活动，过程中加了曹锋的微信，之后便再无交集。不过，大东对于自己的沟通能力还是颇有信心的，于是，他给曹锋发出了微信邀约，于是，两个人发生了以下对话。

大东：曹哥你好，我是人力资源部的王东，主要负责员工培训的工作，咱们上次拓展时见过面，您还记得我吧？我们最近要做一个销售骨干的培训营，希望请您来给同学们做一次经验分享，您看行吗？

曹锋：不好意思啊，最近太忙了，没空。

大东：这样啊。不需要占用您太多时间的，可以根据您的时间来安排，1~2 小时就行。你看能不能抽个时间啊？

曹锋：真的不行啊，最近的确抽不出时间，以后再找机会吧。

大东：我们是特别真心诚意地邀请您的。1 小时，真的不用时间太长，您看能不能百忙之中抽个空来？

曹锋很久都没回复，大东焦灼地等待。

1 小时后，曹锋回复说：下次吧，这次还是算了。

大东看到这个回复，觉得基本没希望了，但是还想争取一下，于是他又打了一大段话："这个项目是我们今年的重点项目，人力资源副总裁和大老板都特别重视，而且我做了前期调研，同学们也专门提到想听您做个经验分享。真的，特别希望您能来。"

发完这段，大东觉得自己都快被感动了，又担心力度不够，在这段话后面又加了 3 个抱拳感谢的微信表情。

然而，这一次，曹锋彻底不回复了……

↗ 故事的背后

大东的这次邀约能成功吗？

估计悬。

那问题到底出在哪儿呢？措辞挺礼貌的，事情说得也挺清楚，感觉没毛病，可人家就是不愿意，还能怎么办呢……

在职场，每个人都不是单打独斗的孤胆英雄，每个任务、每项工作，都在不同程度上需要和别人协作完成，所以，你必须时常思考这样一个问题：别人为什么要配合、帮助你？

其中的第一个答案一定是职责的要求。例如，你请行政部的同事帮忙预订会议室、请设计部的同事帮忙做海报、请前台的同事帮忙收快递，你发出的需求通常都能得到配合与响应，因为这是他们的职责所在。

然而，更多时候，你发出的需求不见得一定属于对方的职责，或者你发出的需求和对方的职责相关，但又比较模糊，对方做或不做、现在做或推迟做都在情理之中。那在这些情况之下，别人又凭什么要配合你？

留意观察一下周围的同事们，总是可以看到有些人特别善于找别人来帮忙，不管这些事是不是在对方的职责范围之内，而且帮忙的人毫无怨言。是因为这些同事特别美、特别帅、人见人爱，就是让别人愿意帮他吗？也许有这个因素，但这背后更多的原因，应该是这些同事懂得"求助"的方式、分寸和技巧。

假如你也想在工作中获得更多人的支持与协作，就带着同理心思考，找到应对之道。

从对方的需求出发，要的是双赢

简单说，双赢就是你所期望达到的事情办成了，对方的需求也得到了满足。

在发起一次请求时，假如你期望达到双赢的局面，就一定要带着同理心思考：

- 你的出发点和需求是什么？
- 对方的需求是什么？和你一致吗？
- 假如不一致，你期望要做的这件事，能给对方带来什么价值？

以下用冰山模型还原一下大东的故事。

在大东的失败案例中，他期望邀约曹锋，但曹锋用没时间拒绝了大东。曹锋是真的没时间吗？也许他真的很忙，但拒绝的核心原因并不是因为忙，而是因为他对这件事没有兴趣。假如用冰山模型来探询一下曹锋的冰山，那他的冰山分析如表 14.1 所示。

表 14.1　曹锋的冰山分析

行为	直接拒绝了大东的邀约，说自己没时间。 面对大东的重复邀约，选择了漠视，不再回复
感受和情绪	无感，淡漠
信念	培训别人跟自己没什么关系，把自己的销售业绩做好就行
需求	专心做销售，不在别的事情上花太多时间和精力

探询完曹锋的冰山，再来看看大东的邀约，都用了哪些说服理由呢？如果站在曹锋的立场，对这些理由会关心吗？

理由 1：最近要做一个销售骨干的培训营，希望请曹锋来给同学们做一次经验分享。

曹锋的感受：培训跟我有什么关系？花时间做这个对我又没有任何好处。不干。

理由 2：不需要占用太多时间的，可以根据曹锋的时间来安排，1~2 小时就行。

曹锋的感受：没兴趣，对我自己没好处，还得费心准备分享的内容，所以花再少的时间也不想干。

理由 3：特别真心诚意地邀请曹锋。

曹锋的感受：对，你是真心诚意。我还真心诚意想多卖点东西给客户呢……光真心诚意有啥用。

理由 4：这个项目是大东部门今年的重点项目，人力资源副总裁和大老板都特别重视，而且同学们也专门提到想听曹锋做个经验分享。

曹锋的感受：是你们的重点项目，老板们特别重视，做好了是你的业绩表现出色，这个跟我有什么关系……

看完以上 4 个理由，不难发现，诚恳的大东同学始终是站在自己的立场上自说自话，他提到的所有理由都是自己的理由，却完全不是能打动对方心坎儿的理由。站在自己的角度，觉得这是目前最重要、最紧急的事，但在别人眼里，可能都排不进"要做的事件清单"。在职场的沟通和合作中，如果遇到了这样的情况，那就很尴尬了。

那么，这种情况下，到底应该怎么做？

从对方的需求出发！

以邀请公司的内部同事来授课这个案例来说，讲师们可能有几种不同的情况和需求，那就要使用不同的沟通策略。不同的潜在讲师的邀约策略如表 14.2 所示。

表 14.2　不同的潜在讲师的邀约策略

潜在讲师的情况	可能的需求	邀约策略
刚加入公司的空降管理者	希望能够扩大个人在公司内的影响力	• 告诉他培训项目参与者都是公司各部门的骨干 • 给他看看以前培训项目的宣传，让他了解这些项目在内部的影响力和覆盖度

续表

潜在讲师的情况	可能的需求	邀约策略
公司内部某领域的业务专家	希望在公司内部强化自己"业务专家"的个人品牌	• 在宣传文案中突出他的专业背景，烘托出大咖分享的气氛
学员们的直属上级	希望培训能真正提升学员的能力，带来业绩改变	• 从培训管理人员的专业出发，帮助他萃取出个人经验，设计成精品课程 • 帮助他设计训前、训后的活动，提升培训的转化率

还会有其他可能性，这就要根据具体情况来具体分析了。

总之，同理心的一个重要的体现，就是要理解对方的需求，并在此基础上找到说服对方的突破口。一而再，再而三地强调"这个事情对我很重要""我特别诚恳和迫切"这些理由，也许能打动一些好心肠的同事，但这毕竟不是促进双方良性合作的长久之道。

假如就是满足不了对方的需求，怎么办

从目前掌握的情况来看，曹锋对于大东无欲无求，大东想破了脑袋也找不到能打动他的方法。怎么办？

在职场上，的确有些时候，在某个项目或任务上，你与合作伙伴并不能找到双赢之道。那么，除满足对方当下的需求外，还有哪些因素，能让别人愿意伸出援手呢？

1. 互惠

假如有一天你没有带伞，天却下雨了。出了地铁，距离你们公司还有 5 分钟路程。你站在屋檐下左顾右盼，想看看有没有熟人能带你一程。这时有一个陌生人走过来说，你是某某写字楼的吧？我在电梯里见过你。咱们一个楼，我有伞，要不一起吧，带你一程。

你一边念叨着，还是好人多啊，和这位陌生人一起走到了写字楼，你

们并没有互留姓名和联系方式。

一周之后，你吃完午饭，回公司时在前台碰到了那位好心人。原来，他是另一楼层一家电商网站的大客户销售主管，他想来拜访一下你们公司的采购部负责人，想看看有没有合作机会。他问你能不能引荐一下。你会怎么做？我猜测，假如你认识采购部的负责人，你应该会帮他这个忙。

那么，假如没有之前下雨天发生的事情呢？一个从未有交集的陌生人，在你公司门口拦住你拜托你引荐采购部的负责人，你会怎么做？大多数的情况下，你会拒绝他。

这两种情况的差别在哪里？

这就是人际互动中的互惠原理。这条原理的意思是，当你接受别人的恩惠和帮助时，你也会更愿意帮助他一回。而在这个过程中，导致你愿意做出回报行为的是你内心微妙的愧疚感。

如何应用"互惠原理"来提升你在职场中对他人的影响力？给出以下一些小技巧。

对于那些"关键人物"，别到求人时才想起他们。功课要在平时做。

去找他开会时顺便帮他带一杯咖啡，外出旅游回来给他带一份手信，特殊的节日送一份小礼物等，别显得太刻意，但又让对方觉得你一直惦记着他。在做这些事时，手信或小礼物的选择还是有点讲究的，千万不要选择那些价格太高的，俗话说"无功不受禄"。对于价格太高的礼物。对方很难心安理得地接受，只能拒绝，这就尴尬了。一份不太贵，但有特色有格调的小礼物，对方能够欣然接受，也能够起到拉进双方心理距离的作用。

在能力所及和时间允许的情况下，尽量主动协作。

当别人提出请求时，积极、及时地给予响应，即使这件事不完全在你的职责范围内。你在这么做时，也许并没有非常功利的、求回报的心态，但在事实上，这种做法一定会给你回报。老板会看在眼里，他会知道你积极主动；同事们也会记在心上，当你提出需求时，别人当然也更乐意伸出援手。

但是，必须要强调的事，这一切的前提是"你自己的能力可以达到，而且你自己的时间允许"，也就是说，你必须清楚，你的本职工作是什么，在时间不宽裕的情况下，**本职工作和你的直接上级交代的工作应该是优先级更高的工作**。假如你积极协助别人，并因此耽误了本职工作，被帮助的那个人当然还是很感激你，但你的直接上级多半不会认同你这样的做法。

提一个大要求，被拒绝了，再提一个小要求，成功的概率更大一些。

这个做法同样是利用了社交中的互惠原理，当你提出一个大要求时，对方虽然拒绝了，但心里对你多少会有一点愧疚感，当你退一步提一个小一点的要求（只是相对于最初的那个大要求比较小，但也并不是举手之劳）时，对方就有可能出于微妙的愧疚情绪而答应你的请求。如果你一上来就提这个较小的要求，很可能直接就被拒绝了。

2. 人际吸引

还是回到我们讲"互惠原理"时的例子。

一个从未有交集的陌生人，在你公司门口拦住你拜托你引荐采购部的负责人，你会怎么做？大多数情况下，你会拒绝他。

但假如，他是个打扮得体、言语礼貌、风度儒雅的男性呢？他的请求被接受的可能性会不会大一些？

假如你是个单身，而他恰恰是你的理想型呢？看到他你就心跳加速了，他的请求被接受的可能性会不会更大？

别觉得不公平，在所有的条件都一致的情况下，大多数人就是更容易去帮助自己喜欢或有好感的人。那么，怎样才能在职场中成为一个被人喜欢的人呢？

得体的外表永远是值得推崇的

当今是一个"看脸"的时代吗？

其实，只要是人类社会，就一直处在"看脸"的时代。

几乎在所有的场合中，具备外表魅力的人在社交中都会有一定的优势，人们更愿意和他们攀谈，在他们提出一些小要求时，也更容易被满足。甚至，在公众场合，他们也会显得更有感召力和影响力。看看历任美国总统的颜值，不难发现，有魅力的外表，对于政客们赢得公众的认可也是有一定帮助的。

如果长相不好看怎么办？是不是只能哭晕在洗手间了？

其实，大多数人都是普通的长相，但注重修饰和完全不在意打扮，就会得到截然不同的结果。只要你愿意，总能让自己的外部魅力值在原有的基础上提高一些分数。内在美当然也很重要。但是，这并不表示你不可以在外在美上下点功夫。记住，这世界上没有丑姑娘，只有懒姑娘。对男性而言，这句话同样适用。

相似性也是加分项

"我们两个是大学校友！"

"原来咱们是老乡啊！"

"我原来也在那家公司工作过，我说怎么看你有点眼熟呢。"

"你也喜欢打羽毛球啊？回头周末约一场吧。"

假如你在职场社交场合和一个本来还有点陌生的同事发生了以上类似的对话，会不会觉得顿时有一点热络了？社会心理学家告诉人们，每个人都会对那些和自己相似的人产生天然的好感，这种相似可以是教育背景、工作经历、故乡、爱好、生活方式或价值观念等。

所以，在职场上，试着发掘你和同事、合作伙伴之间的共同点，从共同点开启你们本来有点冷场的聊天，也是获得更多人际吸引的加分项。

多接触，混个脸熟，关键时刻也有用

观察一下你所在的组织，除在跨部门的项目中去增进同事感情外，还有哪些渠道吗？以下列举几个：

- 吸烟区中每天一起吸烟、借火的同事；

- 妈妈小屋里一起吸奶的背奶妈妈们；
- 兴趣社团里一起踢球、游泳、健身的伙伴；
- 参加过某一个培训项目的同学。

当你在跨部门项目中碰到他们时，是不是会觉得比完全陌生的同事更好沟通一些？社会心理学家们同样告诉人们，多接触、熟悉也会带来好感。

其实，即使不用心理学家们的理论支持，这也是人之常情。熟人好办事，从古至今都是这个道理。

3. 保持一致性

假如你是一位平面设计师，你的一位并不相熟同事过来请你帮忙在一张设计图上加个字，这个动作只需要 3 分钟，你觉得是个举手之劳，于是你同意了。

结果，1 小时之后，那位同事又出现了，说那张图交给领导后又出了点问题，需要改更多的字，这次需要 20 分钟。这件事完全不是你的分内事，你会帮忙吗？

不知道你的选择是什么。但是，心理学家们的研究证明，相比于对方直接上来就提出一个需要花费你 20 分钟的需求，在刚刚那个场景下，你愿意帮忙的可能性要大很多。

为什么呢？因为在第一次的举手之劳中，你已经在对方心目中树立了一个"好人"的形象，人们会有一种奇妙的心理驱动力，就是希望能够保持自己前后形象的一致性。哎，做好人做到底吧，大抵描述的就是这种心理。

这给了什么启示呢？主要有以下两点。

平时要学会麻烦人，也要敢于麻烦人

想要增加对某个人的影响力，可以多从平时的举手之劳入手，多麻烦他一下，让他觉得不想破坏你心目中自己的好人形象时，你提出的大需求就更有可能得到回应了。

其实，人和人之间的感情的确也可以在互相麻烦的过程中逐渐培养起来，情商高的职场人士，总是能做到既麻烦别人帮个小忙，又让别人没有觉得真的被添了麻烦，反而还觉得能帮上别人的忙挺开心的。双方的心理距离也在这个过程中逐渐被拉近，这其中有两个关键点：

第一点，必须把握好两个人之间的亲疏程度，提的要求不要超出双方的亲密程度。例如，你请同部门的同事帮忙带个午饭，这并不算过分，但假如你找其他部门的同事帮忙带午饭，可能就显得有点不拿自己当外人了。

第二点，必须得把握好这个"小忙"的大小程度。对于对方而言，一个举手之劳，既能帮助别人，又能塑造自己在别人心目中的"好人"形象，是很多人都愿意做的事。但假如帮这个忙需要影响到他自己的工作、花额外的时间，人家自然是要掂量一下。

求助或提要求时，先从小要求开始说，再一点点加码

先讲一个我亲眼看见的事情。

有一次我乘坐高铁出差，我身后那一排有一位女士问他旁边的一位先生："您好，您也是到终点站吧？请问您可以和我同事换一下座位吗？她的票没在这个车厢，想过来和我一起坐。"

这位先生很有绅士风度，说："没问题啊。"

这位女士继续说："她的票在2号车厢，就是得麻烦您多走几节车厢了。"先生踌躇了一下，还是同意了。

当时我们的车厢是14号，也就意味着他得拖着箱子穿行12节车厢！我暗自想，这位先生真的是好脾气，如果是我肯定就不答应了。

然而，还有更进一步的，女士继续说："咱们这个车中间应该是不连通的，您得先下车，从站台走到2号去。现在离开车就只有几分钟了，您可能还得快点走，真不好意思，太感谢了！"

我并没有看到这位先生的表情，也不知道他此刻的内心活动是什么，总之，他提着箱子走了。片刻之后，我透过玻璃窗看到了他在站台上飞奔而过的身影。

从我个人的价值观出发，我并不欣赏这位女士的行为，如果请陌生人帮一个举手之劳的小忙，我觉得是人之常情，但如果要给一个陌生人添这么大的麻烦，我并没有这个底气。但必须承认，这位女士深谙求助之道，也非常懂得使用技巧。想象一下，如果她一开始就说"您能不能拖着箱子从站台穿行到 2 号车厢，跟我的同事换个座位"，她的请求有可能被答应吗？应该没可能。对于绝大多数人来说，拒绝这样一个过分的要求，完全不会有任何心理负担。然而，她从一个听起来很合理的小要求开始提，当对方答应帮忙之后，再补充说明这个小要求背后所隐藏的条件，而对方因为已经答应了，为了维护自己"好人做到底"的绅士形象，即使内心并不情愿，也不好意思再拒绝了。

职场中要不要用这个方法来实现求助的目的？我个人认为，偶尔可用，但一定要慎用。特别要注意，这个办法是以不损失别人的利益为前提的。例如，在刚刚提到的请设计师帮忙的场景下，先提一个小需求再提一个大需求，对方也完全可以选择接受或拒绝，这种求助方式大多数人都是可以理解并认同的。但如果你像高铁上那位女士一样，让对方被道德约束架高，然后不得不答应你的请求，这种方式固然达到了短期的目的，但难免会让别人产生一种"被套路"的感觉，长期来看，这对于你个人影响力的建立不见得是好事。

总之，你需要理解人性，必要时用一点技巧，但职场社交中最好的通关卡，还是"**少一点套路，多一点真诚**"。

4．找到对目标对象有影响力的人

最后，就是大东遇到的这种情况。

曹锋是公司里的老员工，不求树立个人品牌；他不带团队，只想做好个人业绩，不求培养下属；所以，从他的需求入手说服他几乎无从谈起。大东之前和他并没太多交集和接触，靠互惠、人际吸引等手段来刷脸，更是全无可能。

那还有招吗？

当然有，你对于要求助的对象没有影响力，但你可以找到对他有影响力的人，然后"曲线救国"。

"曲线救国"也有 N 种方式，以大东的故事为例，可以有以下做法。

向自己的上级求助

大东的上级是公司的人力资源总监，假如他也是公司的老员工，一定和曹锋会有交情，请他出面，比大东的成功率要高出 N 倍。

这样做会让上级觉得你的沟通影响能力还有待提升。但是，在职场中，遇到搞不定的事情及时找上级求助，比眼睁睁看着事情闹到无法补救的状况再汇报，还是要明智很多。

找曹锋的上级求助

这个培训项目曹锋可能不关心，但他的上级应该会关心，因为项目的目标是帮助销售的骨干人员提升能力。假如大东能够说服曹锋的上级，他再去要求曹锋，成功率就更加大了。

当然，行政命令也要慎用，能让对方出自个人意愿帮忙，就尽量少用上级强压。

利用同侪压力

同侪压力也称同辈压力、朋辈压力，指的是同侪施加的一种影响力，它可以鼓励一个人为了遵守团体社会规范而改变其态度、价值观、行为。

假如在这个故事里，大东能够告诉曹锋，这个项目中都请过哪些销售大咖来进行分享，这次的讲师里还有哪些大咖或高管，那么，曹锋也有可能考虑参加。

为什么呢？因为人都是社会动物，都会受到周围人的影响。在一个组织内，保持和自己类似级别、类似岗位的人的一致性，是驱动大多数人改变行为方式的一个重要因素。这就是同侪压力。

互惠、人际吸引、承诺与一致、"曲线救国"……任何一种方法也许都不能单独奏效，但当你打出组合拳时，成功的可能性一定会大大增加。

以上 4 点建议都来自影响力大师罗伯特·B.西奥迪尼的经典书籍《影响力》。这本书只讲一件事，就是如何能够更有效地影响别人。要做到这一点，非常关键的一个因素就是要洞悉人性，体察别人的情绪与需求。

↗ B 版本的故事

大东是一家公司的培训主管，他的主要职责是组织公司的各类培训项目。

这一次，他接到一个任务，组织一次销售骨干的能力提升培训营。在策划项目时，他做了学员访谈，很多人都提到希望能听到公司的 Top sales（最佳销售）曹锋的经验分享，大家都说他在大客户方面有自己独特的套路，很值得学习。

大东和曹锋认识，有一次他帮销售部门组织拓展活动，加了曹锋的微信，但之后就再没有任何工作上的沟通和交集，大东并不确定他能不能请到曹锋。大东和销售部的运营助理小魏都是公司篮球社团的成员，还算挺熟的，于是，他先找小魏侧面了解了一下曹锋的情况。原来，曹锋是公司的老员工，业绩一直特别好，领导们曾经想升他做主管，但他拒绝了。他说自己不是带人的料，也不想承担那么大的责任，自己做好销售就挺满足。因为多年积累的客户资源，加上他的确在客户需求挖掘、谈判策略上非常有自己的套路，曹锋常年是公司的 Top sales，收入当然也很高。

了解了这些信息，大东分析了一下曹锋的需求，发现真心没什么切入点来说服他。看来只能换个策略了。恰好这天下午，大东和自己的直接上级，也就是公司的人力资源总监，约了销售部门的老大陈总，一起讨论一下这次培养项目的方案。方案框架过得差不多了，大东趁机提出："陈总，我前期调研了不少学员，大家都提出想听曹锋分享一下他在大客户销售方面的心得，您觉得可行吗？"

陈总笑着说："曹锋啊，的确有一套，不过这小子一直都是只管做好自己的销售，对其他事都不怎么上心。"

大东说："嗯，是啊，所以才想求助您啊。这些大牛销售有很多经验，如果挖掘出来能够形成标准化的模式来指导资历浅的销售，应该对提升他们的业绩很有帮助。如果这次曹锋愿意讲，我们可以协助来做记录和整理，争取沉淀成一个课程，加在我们现有的销售课程体系里。"

大东的直接上级也在旁边帮腔："对啊，咱们公司那课程有些内容有点陈旧了，我们计划下半年更新一下，加点更接地气的案例。"

陈总点了点头："嗯，你们说的有道理，那行，你去跟他说吧，让他来分享一下，是得榨榨他肚子里的存货了。"

大东赶紧说："多谢陈总，那我发个正式的邀请函给曹锋，抄送给您吧，也麻烦您帮忙跟曹锋再打个招呼"。

陈总当然答应了。这件事，搞定！

 练习 12：如何更有效地说服或影响别人

回想你在工作中需要得到别人配合，但是被拒绝的一次经历。

假如再给你一次机会，你会不会换种做法？

（1）在这次工作任务中，你的需求是什么？对方的需求又是什么？

（2）你有可能找到切入点，既满足自己的需求，也满足对方的需求吗？如果有，这个切入点是什么？

（3）假如没有找到切入点，想想看以下哪些策略有可能对你有帮助，在你的选择前的"□"中打"√"。

□互惠；

□人际吸引；

□保持一致性；

□找到对他有影响力的人。

15 【理解同事】
哪有那么多谁错谁对

↗ A 版本的故事

还记得小扬吗？就是之前提到的产品经理。与产品经理打交道最多的就是程序员了，产品经理们提出需求，撰写需求文档，程序员同学根据需求文档进行排期，进行技术实现，这是他们最常规的工作流程。

然而，小扬这一次跟某程序员吴凡的沟通就出现了问题。

需求评审会议中，小扬讲解了自己的产品优化需求。

程序员吴凡指着资料中的一个页面说："你这个分类检索的功能，做不了。"

小扬问："为什么啊？我记得上个月有一个功能，和这个很像啊。"

吴凡说："你们看着像，对我们技术来说完全不一样好吗？这个检索咱们的数据结构不支持，做不了。"

小扬问："哪里不一样，能解释一下吗？"

吴凡叹了口气："哎，说了你也不懂。"

小扬说："我是不懂啊，我要是懂的话，还要技术干吗。"

吴凡也没接话，保持沉默，小扬一时不知道如何继续回应，心里嘀咕："什么做不了，就是不想做。肯定是上次压排期，对我们有意见了。总是拿"说了你也不懂"来搪塞我们。"

……

↗ 故事的背后

你觉得吴凡到底是不想做，还是真的做不了？

你能理解和认同小扬的愤怒感受吗？这种愤怒对于解决当下的问题会

有帮助吗？

在职场社交中，冲突、争论、不满情绪都是难以避免的，而当人们身处其中时，指责对方、与对方辩论、试图分出对错通常是人们的第一反应。然而，这样做并不一定能真正解决问题。更客观地看待问题，更中立地审视双方的立场，才是人们身处分歧之时应该做的事。当你具备这样的心态时，你会发现，其实，并没有那么多你错我对。

为什么总觉得别人有错

1. 我没错，都是你的错！真的吗？也许你在"双标"

网络上有一个流传甚广的词，叫作"双标狗"。"双标"是什么意思呢？就是指双重标准，在同一件事情上用不同的标尺来衡量不同的人。

例如，看到自己不喜欢的姑娘晒了一张比基尼照片，就会说"博眼球，刷存在感"，看到自己喜欢的姑娘这么做，就会说："哇，好阳光，多自信啊，身材真好！"自己关系好的同事生病请假，就叮嘱他"好好养病，好好休息"，一个平日有点矛盾的同事生病请假，心里就会想"怎么这么矫情，一点小病还请好几天假"。

那为什么又叫"狗"呢，大抵是因为多数人们鄙视"双标"这种行为。

可是，你有没有意识到，其实每个人多多少少都会有双标的时候，而且常常是在衡量自己与衡量别人的时候，不由自主地使用不同的标准。

以下举几个例子，看你有没有哪条能戳中你。

生活中

开车时，看到行人穿马路，想着这些人走路真不守规矩，给司机带来多少麻烦。等到自己变成行人时，看到机动车不给自己让行，心里又想，这司机真没公德心，怎么就不知道让让行人。

看到有的姑娘邋里邋遢地出门，心里想着没有丑姑娘，只有懒姑娘，你就不能好好收拾自己啊。可等到自己邋遢被别人这么评价时，就会辩白说，我忙啊，我偶尔邋遢一点儿怎么了，再说，我心灵美啊。

工作时

被别人教育时，心里想着"这家伙也太好为人师了"，等到自己大段甩理论、扔实例教育别人时，那叫一个慷慨激昂、掷地有声，这时还得标榜着说"我是为你好"，其实，也许是为了满足自己表达的欲望。

看到别人发邮件忘记加附件，可能想："太粗心了，又没检查。"自己犯了类似错误时，心里给自己找理由："哎，最近事情太多，忙晕了。"

看到别人闹情绪了，跟老板犟了两句，你想"真不成熟，职场是闹情绪的地方吗？"自己某天跟老板戗起来，回家的路上想，我这是敢于表达自我的真实想法！

2. 为什么会"双标"

心理学家们提出一个概念称作"基本归因错误"，就是在讲这种现象。归因，是指人们给发生的事情寻找原因。基本归因错误是指人们在归因时，对待自己和别人倾向于采用不同的标准。当别人做了一件错事，而你去看待这个行为或行为导致的后果时，总是倾向于高估他的人格或态度等内在特质对于行为的影响，忽略他们所处的情境带来的影响。然而，当同样的事情发生在自己身上时，你通常会认为这并不是你的内在原因造成的，而是客观情境的错。

一个最典型的例子，就是在职场中你看待迟到的态度。

当在一个重要的会议中，其他参会人迟到时，你会怎么想？你可能倾向于归因为他没有时间观念、没能提前规划好出门的时间、不重视这次会议等。总之，你更多在考虑参会人的内在特质（态度、能力、性格等）。

假如迟到的是自己呢？想想上次迟到的时候你怎么解释？路上太堵了；没找到车位转了半天；上一个会议延时了……总之，迟到并不是你的错，是外在客观环境不给力。

这么看来，双标简直就是人性的附属品，捆绑销售，不可退换。在一定程度范围内的"双标"并不可耻，也不可怕。然而，当你的"双标"超出了一定的范围时，就一定会影响到你在职场中的人际沟通，影响你对他人的客观认知，还会影响自己的情绪状态。

再回过头看一下小扬的故事，基本归因错误就正在生动地上演。

当吴凡跟小扬说："做不了"时，小扬将这个行为归因为吴凡的内在原因——不想做，对我们有意见（态度、动机方面的原因）。而实际上的原因呢？数据库结构的限制，导致这个功能难以实现，如果一定要实现，需要非常大的人力支持和比较长的时间排期，对于目前资源有限的技术团队来说，这个投入是不太可行的。这些限制都是客观的、外在的原因。作为典型的技术同学，吴凡的回复的确太简单了，简单到没有把现状描述清楚；这个回复也太生硬，生硬到完全没照顾小扬的情绪感受。

由于吴凡的简单直接，小扬的归因也情有可原。但是，产品经理的工作目标是什么？是做成事！而不是把做不了的事情归因为程序员不配合。同时，这样的归因方式也难免会影响他的心态，让他在看待周围的世界时，总是觉得有满满的恶意，于是造成了对话双方的情绪对抗。这并不是解决问题的好兆头。

┃从"都是你的错"到"我们都没错"

"基本归因错误"和"双标"难以完全避免，却可以在自己的努力之下尽量减少。

当你充分理解这背后的心理规律时，你会开始学着提醒自己，对自己有更清晰的认知与评判，对他人尽量做到更客观更理性，不擅自揣度对方的恶意，不给别人乱扣帽子。这依然是同理心的体现。

假如你依然觉得无处下手，可以试着用"枕头法"[12]来练习提升自己客观看待分歧与冲突的能力。

---

[12] 罗纳德·B. 阿德勒，拉塞尔·F. 普罗科特. 沟通的艺术[M]. 黄素菲，译. 北京：世界图书出版公司，2010.

1. 什么是枕头法

枕头法是由一群日本的小学生所发展出来的，它是一种人们全方面、全视角看待问题的方法。因为问题正如枕头一样，有 4 个边和 1 个中心，所以将这种分析问题的方法取名为"枕头法"，如图 15.1 所示。

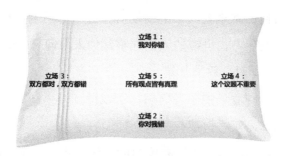

图 15.1　枕头法

2. 哪些时候可以应用

在任何与他人存在冲突、分歧的情况下，如果你希望跳出自己的角度，更全面地审视问题，都可以尝试应用。例如：

第一，跨部门沟通，当你提出一个需求，对方推三阻四时；

第二，会议上，你和同事就某一个议题提出不同的观点，陷入僵局时；

第三，你的方案被别人挑战、质疑，你心有不甘时；

第四，你觉得对方对你有恶意，在针对你和挑战你时……

3. 如何应用

第1步　分析情境，聚焦问题或分歧

简单地回忆一下冲突或分歧产生的原因与情境，明确最核心的问题或分歧是什么。

第2步　围绕问题开始尝试变换 4 种不同的立场来思考

立场 1：我对你错

这是人们在冲突和分歧中的第一反应，也是人们最原始、最自然的立场。在这个视角下，人们认为自己的观点都是正确的，而别人的观点与自己不同，就是错的。

立场 2：你对我错

转换到对方的立场，强迫自己站在对方的角度去思考、去想，自己的观点有什么薄弱之处，自己的要求有哪些不合理。

这并不是一个容易的过程，甚至是有些痛苦的，就好像在修炼左右互搏之术，去攻击自己本来要捍卫的立场。但这个练习的过程本身就是在锻炼人们转换视角的能力，也帮助人们理解其他人为何有他的坚持。

立场 3：双方都对，双方都错

在完成上述两种立场的思考之后，可以得到一个结论，双方的坚持都有合理之处，同样，双方也都有薄弱之处。

这样看来，其实这件事并没有绝对的"你对我错"或"我对你错"，有的只是视角与立场的差异。

立场 4：这个议题不重要

不管是在工作中，还是生活中，人们经常会和其他人争辩得面红耳赤，甚至在一个小问题上越陷越深，无法自拔。在那个当下，驱动你的是什么？是为了解决问题吗？不，更多时候你已经忘了你们到底要解决什么问题，而是单纯地为了分出对错，决出输赢。

当你经过上述 4 个立场的思考之后，你会发现，这个问题的对错输赢反而没那么重要了。你们需要把更多的时间精力放在双方共同的目标上，放在那些可以影响最终结果的关键任务上。

第 3 步　与对方或自己达成和解：4 个立场皆有真理

经历过以上 4 个立场的思考，人们会认识到，在绝大多数情况下，并没有绝对正确或绝对错误的观点与做法，生活或工作中的问题，不是一元 N 次方程，并没有唯一解。而那些与你不同的观点与立场，其实多少都有可取之处，是可以被理解的。

4. 实际应用

以下基于小扬的例子来剖析一下。枕头法应用案例 1 如图 15.2 所示。

第 1 步	分析情境，聚焦问题或分歧
情境：吴凡直接拒绝了我的需求，说无法实现，并没有给出解释。	
问题：他就是不想满足我的需求，所以不肯想办法	
第 2 步	围绕问题开始尝试变换 4 种不同的立场来思考
立场 1：我对吴凡错	
我提了一个需求，吴凡直接就否定，还不解释，说 "说了你也听不懂"。这完全不是解决问题的态度。	
立场 2：吴凡对我错	
技术同学说话直接，他并不是针对我，跟谁说话都是这样。	
"不能做" 的确是系统限制，是客观原因，不是主观不愿意。	
立场 3：双方都对，双方都错	
都对：	
我着急解决问题，心情可以理解。	
吴凡谨慎评估可行性，也可以理解。	
都错：	
我错在玻璃心，直接归因为吴凡不配合。	
吴凡错在说话太直接，不照顾我的感受。	
立场 4：这个议题不重要	
吴凡是否故意不配合，其实并不重要，我们需要的是找到解决办法	
第 3 步	与对方或自己达成和解：4 个立场皆有真理
实在没必要生气。我们还是探讨问题吧	

图 15.2　枕头法应用案例 1

以下再介绍一个例子。

接着讲大东的故事。

前面介绍过，大东是一位培训主管，他的工作职责之一是为公司采购一些外部的培训课程，所以他也会和一些培训供应商打交道。

有一天，大东需要找 ATA 培训公司的课程顾问 Bella 要一个课程资料，于是他给 Bella 发了一个微信，说："Bella，上次提到的'打造卓越团队'的课程大纲及讲师的简介发给我一下。"消息发出去半小时，Bella 都没有回，大东急着用，于是又打电话给 Bella，结果打了两次，电话都没有人接。

放下电话，大东随手刷了一下微信，结果却看到 Bella 刚刚发了一条朋友圈！

Bella 发了三张照片，一张是自拍照，背景是某知名企业的大楼，还有两张都是现场的照片。配文是："ATA 经典版权课今天走进×××管理培训项目的课堂……"

大东有点生气，能发朋友圈，就说明手机一定在身边啊！不回微信，也不接电话，这是摆明了不重视小客户。这种响应态度，不是耽误事嘛！从本质上说，这就是不尊重客户。

两小时后，Bella 的微信来了："大东，刚看到你的消息，我这就发给你。"大东看了一眼，没有回复，心里还是觉得颇为不爽。

以下用枕头法来思考一下。枕头法应用案例 2 如图 15.3 所示。

第 1 步	分析情境，聚焦问题或分歧
情境：Bella 没有回微信，也没有接电话。	
问题：她不尊重我	
第 2 步	围绕问题开始尝试变换 4 种不同的立场来思考

立场 1：我对 Bella 错

有时间发朋友圈，为什么不回我微信呢？这摆明了就是不尊重人！

立场 2：Bella 对我错

正在课堂上，不方便接电话；消息太多，没能及时看到和回复。

立场 3：双方都对，双方都错

都对：

我着急要资料，心情比较迫切，所以生气了。特别是 Bella 发的朋友圈恰好是一个大客户培训现场的照片，相比这下我就产生了她不尊重小客户的想法。

Bella 发朋友圈是为了宣传公司的课程和品牌，这个事情优先度更高，她发朋友圈时也许没时间去看自己的未读消息。

都错：

我错在没说明白，Bella 错在没跟我解释一下自己正在忙。

立场 4：这个议题不重要

图 15.3　枕头法应用案例 2

其实我的目标就是要到培训资料，计较 Bella 是否尊重我压根不重要！现在，我的当务之急是赶快拿到资料完成工作

第 3 步	与对方或自己达成和解：4 个立场皆有真理
实在没必要生气，拿到资料是关键	

图 15.3　枕头法应用案例 2（续）

从"放下对错之争"到"聚焦问题解决"

"枕头法"这种思考方式和练习过程也许不能帮助你立即解决眼下的问题，但至少可以帮助你做到以下这些：

- 尽可能打破"对自己宽容，对别人严苛"的双标模式；
- 认识到没有绝对的对错，在和别人沟通时，少较劲；
- 了解对方的出发点，减少双方情绪上的对抗性；
- 提升全局思考的能力，不纠缠于细节分歧，聚焦在双方的共同目标上。

具有同理心，并不是指在沟通中去"同意"别人。而是说，当你有同理心时，你能够理解对方为何持有这样的观点，并接受他持有和你不同的观点和立场。注意，是**接受他和你不同，而不是全盘接受他的观点或立场。**这是说服与影响对方的基础。

当做到这一点时，你可以"放下对错之争"，把更多的精力聚焦在问题解决上。这时，你也可以更客观冷静地思考，如何才能影响与说服对方，从而解决问题？

↗ B 版本的故事

小扬是一位产品经理。与产品经理打交道最多的就是程序员了，产品经理们提出需求，编写需求文档，技术同学根据需求文档进行排期，进行技术实现，这是他们最常规的工作流程。

在一次需求评审会议中，小扬讲解了自己的产品优化需求。

程序员吴凡指着资料中的一个页面说："你这个分类检索的功能，做不了。"

小扬问："我记得上个月有一个功能和这个是类似的，我觉得实现方式应

该也是类似的，是我的理解有偏差吗？"（对方说做不了时，询问原因，但不是质问。同时，不揣测对方不想做，不愿意做，真诚、坦白地与对方沟通需求解决方案。）

吴凡说："这个功能和上次那个看起来是类似的，但它们两个调用的不是同一个数据库，这次的数据库结构不支持你的检索。"

小扬想了想，说："这个功能对我们来说真的挺重要的，上次用户调研的时候，60%的用户都提到这个问题了。咱们能不能商量一下，看看有没有其他的解决方式？"（提到用户的需求，"关注用户体验"是公司的价值观准则，也可以被理解为双方的共同目标。）

吴凡沉吟了一下，说："那个数据库是好几年前搭建的了，当时的文档也不太全，我只能再想想看，即使能做也会需要两周的时间，现在排期这么紧，为了这个功能用这么长时间，是不是得评估下值不值得做？"

事情已经出现了转机，小扬说："好，咱们回头一起听听部门老大的意见，评估一下。咱们继续往下过其他的需求？"（问题无法马上解决时，先留下空间，不陷入僵局。）

会议继续进行。

 练习13：使用枕头法转换立场和视角

回忆你上一次和别人发生冲突的情境，用枕头法转换立场和视角思考问题，看看自己会有什么新的收获。

当你尝试使用立场2思考时，如果觉得有困难，可以先探询他的冰山，再站在他的立场思考。枕头法应用练习模板如图15.4所示。

第 1 步	分析情境，聚焦问题或分歧
情境：	
问题：	
第 2 步	围绕问题开始尝试变换 4 种不同的立场来思考
立场 1：我对你错	
立场 2：你对我错	
立场 3：双方都对，双方都错	
立场 4：这个议题不重要	
第 3 步	与对方或自己达成和解：4 个立场皆有真理

图 15.4　枕头法应用练习模板

16 【理解上级】
做一个懂老板的下属

↗ A 版本的故事

林迪刚刚加入一家公司的市场部，担任市场活动策划专员。在此之前，他已经在这个领域工作了 3 年，参与策划过近 10 个大型市场活动，也积累了不少经验。

入职刚一周，林迪的直接上级王凯交代给他一个任务，请他负责公司近期一个市场活动中的网络营销部分的策划。

王凯给了林迪一些之前的活动资料做参考，同时大致讲解了这次活动主要的目标人群及传播点，还告诉林迪："你有初步想法了，可以先找我碰一下，没问题了再往下做更细的策划。"林迪欣然应允，他暗自想着："以前有两个项目应该可以借鉴，这可是我在这个新部门要打响的第一炮，我一定得拿出个出色的方案，让老板对我刮目相看，也能树立我在部门里的专业形象。"

接下来的一周，林迪可真的没少花心血，虽然王凯说让他拿个初步想法来碰一下，但是他给自己提了更高的要求，他不仅想提供初步想法，还想拿一个详细方案出来，这样才能显出自己的专业水平和努力程度。查资料、构思、写方案，加了好几天班，总算搞定了，林迪心里有点小得意。

周一的部门例会结束后，王凯留下林迪和几个相关同事，说要一起讨论一下林迪的方案。林迪有点紧张，还有点小兴奋，他暗想：花了这么多心思准备的内容，领导应该会夸我几句。

林迪打开长达 40 页的 PPT，准备详细讲述一下他的方案。他却发现王凯皱起了眉头："这么多页？不是说咱们先碰个初步思路吗？"

林迪解释说："是，您上次是这么说的，我就在思路的基础上多准备了一些落地执行的细节，也想请您一起看一下可行性。"

王凯说："行，那你讲讲吧，控制下时间啊，别超过 15 分钟。"

林迪想："15 分钟，40 页 PPT 好难讲完。嗯，我先讲着再说。"于是，他开始从第 1 部分讲解自己的策划思路。

刚讲完第 4 页，王凯打断了他："你这个思路有点偏差，你先告诉我，咱们这次的目标人群是哪些人？他们有什么特点？核心需求是什么？"

林迪有点蒙，但还是努力整理了一下思路，回答了王凯的问题。

王凯说："你的理解有问题，目标人群的特点不是这样的，上次我给你的资料里有一份数据调研，你没看到吗？"

林迪说："呃，我好像没印象了。"

王凯合上自己的笔记本电脑，一边收拾东西一边说："林迪，你这个方案整体思路不对，你对咱们用户的理解有偏差，你再看看我之前给你的资料，好好想想我们的产品对用户的核心价值是什么。我另外约个时间再找你讨论。今天先这样吧。"

王凯走了，几个同事也走了。林迪有点蒙，还有点委屈。本来以为这么辛苦加班至少能换来几句肯定，结果反而全是否定。而且，他认为领导根本就没有看完他的 PPT，也许后面的内容有价值呢？领导这么对待他，太打击人的积极性了……

↗ 故事的背后

假如你是林迪，你会觉得委屈吗？

他主动加班、超出领导的要求完成任务，还得不到领导的认可，想想好像挺委屈的。可是，你们考虑过王凯的感受吗？

什么，考虑领导的感受？

没错，职场新人在和领导沟通的过程中，相对会更容易聚焦在自己的感受之上。

领导夸你，你会觉得小得意。

老板责备你，你会觉得沮丧。

老板漠视你，你会觉得失落。

当你体验着自己多变的情绪时，你有没有站在领导的角度思考过，在那个情境下，他的感受和需求到底是什么？

跳出自己的盒子，培养对领导的同理心，做一个懂领导的下属，才能提升职场更多的可能性，扩展更大的空间。

接受任务时：想想领导到底想要什么

当王凯交代给林迪这个新任务时，王凯到底想要什么？

其实王凯已经说得非常简洁明了："你有初步想法了，可以先找我碰一下，没问题了再往下做更细的策划。"

所以，王凯应该是一个很了解下属能力情况的老板，他知道林迪作为新员工，虽然在专业领域有一定的经验，但不见得能把握好公司产品的核心价值与传播方向，所以他只是要求林迪先出一个框架思路，经过讨论之后再往下做更细的延展。这样一是不会造成林迪做无用功，二是也能保证最终方案的可行性。

然而，林迪并没有理解王凯的需求和意图。

为什么在王凯已经清楚表达意图的情况下，林迪还是没有理解呢？因为林迪那时太关注自己的感受和需求了。作为一个新员工，他非常希望能够在领导和同事面前展示自己的专业性，他攒着劲，想证明自己不仅可以完成领导交代的任务，还能超出领导的预期。领导要个框架，他就要把落地细节也给出来，这才显得自己更专业、更努力。

然而，他用力过猛。给得多并不见得就一定好，大方向错了，再多的准备也都变成了无用功。

林迪用力过猛。在有些情况下，作为下属，在收到领导交代的任务时，又显得用力不足，指一步走一步。还记得叶子的故事吗？总监说："帮我把杯子拿过来。"于是她就真的拿了个装着剩茶水的杯子过来放在总监面前，这样完全按照指令做事的方式，同样是没能理解老板真实需求的表现。

以下再来看这样的两段对话。

对话 1

上级：小左，明天有一个兄弟公司来参访交流，帮我预订一下 7 楼的会议室，上午 10：00 —12：00。

下属小左：好的。（同时，转身就走。）

［半小时后］

下属小左：老板，会议室定好了。

上级：好的，你再帮我准备一些饮用水和茶歇吧。另外，会场需要重新布置一下，桌子摆成 U 形。

下属小左：哦。好的。

［半小时后］

下属小左：老板，饮用水和茶歇都准备好了，会场也布置好了。

上级：好的，不好意思，还得麻烦你帮我订一下明天的午餐，就在公司对面的那家餐厅，订个包间，我们 12：00 就过去。

下属小左：好的，我马上去办。

对话 2

上级：小右，明天有一个兄弟公司来参访交流，帮我预订一下 7 楼的会议室，上午 10:00 —12：00。

下属小右：好的。那咱们是不是还得准备点茶歇和矿泉水？我按 20 人来准备，您看合适不？

上级：可以。哦，对了，会场布置成 U 形。

下属小右：好的，没问题，明天我提前一点过去把设备也调试一下。你们会议结束后需要一起用餐吗？您看我是定个餐馆包间，还是准备工作餐？

上级：定个包间，就对面那个餐厅。

看出以上这两段对话中下属的差异在哪里了吗？

小左属于典型的"纯执行"型下属，老板交代什么，就做什么，完全没有发挥自己的主动性去思考老板更深层的需求是什么。也许，他回过头还会跟自己的朋友抱怨：我这个老板真是够呛，一件事分好几次说，不能一下说完吗？

老板没能一次把事交代清楚，的确有他的责任。咱们不能改变老板，但是可以向小右学习，去引导老板，帮助老板和自己来提高效率，节省时间。

小右比小左优秀之处体现在哪里？一方面，他的确经验更丰富，所以可以想到一个会议要成功举办，除了会议室还需要茶歇、水、设备和午餐。另一方面，除了经验，他还能真正站在老板的角度去思考问题，当老板提出预订会议室的指令时，他不仅接收了这个指令，还能主动思考老板的深层需求是"保障会议的顺利举办"，于是，他从过往的经验出发围绕"会议顺利举办"这个需求引导老板一起来讨论更多的细节要求，把水、茶歇、设备、午饭等会议前期准备一并确认。这样一来，提高了沟通效率，节省了老板和自己的时间，还能把准备工作做在前面。

小结一下：**做一个更懂老板的下属，接收任务时，不要只简单地执行，而是往更深层次去思考，老板想要的到底是什么。**

觉得自己付出得不到回报时，想想你创造的是功劳还是苦劳

林迪觉得很委屈，因为他真的很努力，加了一周的班，超出老板的要求拿出一份方案，而领导不但没有给他任何肯定，连方案都没听完，只看了4页！

站在林迪的角度，可以理解他的委屈，但如果站在他的领导王凯的角度思考，又会怎样呢？

为什么对林迪没有任何肯定？

王凯已经清楚地交代了给个思路就可以找他碰，就是怕他自作聪明做无用功，结果他还是拿了这么个复杂的方案过来。花了那么多时间，但没创造价值，这种行为根本不值得倡导。在场还有好几位其他同事，如果王

凯对林迪表示了肯定，对其他同事就是一种误导。

为什么只看了 4 页就不再看后面的内容了？也许后面有亮点呢。

前面 4 页的内容就是林迪对这个项目的基本理解，包括对目标客户的理解、对产品价值的理解，这些是整个方案的出发点。林迪的理解有偏差，出发点错了，后面的内容再详细也没有用，王凯很忙，不可能再花更多时间去看一个出发点就已经存在偏差的方案。

看完以上的分析，你应该可以理解王凯了，领导要什么？要结果。当你觉得自己付出了很多心血却没有得到肯定和回报时，先别急着抱怨，请务必要想一想，你的确付出了很多，但是否真正给团队创造了价值？是否真的给了领导他想要的结果？你创造的到底是苦劳，还是功劳？

然而，并不排除在职场中，有些领导会比王凯更关注下属敏感的心思，假如他们遇到了林迪这样的下属，会夸林迪两句，肯定他所付出的努力，再来指出他存在的问题。然而，必须要意识到，领导的风格是不同的，特别是在工作节奏快的企业里，王凯型的领导可不在少数。你不可能要求领导来适应你，你必须调整自己的节奏来适应不同风格的领导。

小结一下：**关注目标，拿结果说话永远是绝大多数领导的核心诉求。做一个更懂领导的下属，用结果来赢取信任与肯定，只有苦劳没功劳时，别苛求领导的肯定与安慰。**

被老板质询时，别急着解释和推卸责任

在职场，有时你的任务完成情况会达不到领导的预期，当领导就出现的问题或偏差来质询你时，你会怎么办？

没有人喜欢被质询和批评，在这种情况，多数人下意识的第一反应是解释：

- 我已经用了我最大的努力想把这件事做好了；
- 出现了某种客观原因导致了最终的偏差，责任不在我；
- 这个事情的前因后果是这样的，您听我解释。

总之，你特别希望领导明白："我很努力，很尽心，我没错，别怪我！"

然而，假如你站在领导的角度去思考呢？当领导就一个出现偏差的事件询问下属时，彼时彼刻，他最核心的诉求是什么？你不妨给如表 16.1 中的领导的几个诉求来排序，你认为哪个应该排在第 1 位？请勾选出来。

表 16.1　领导的几个诉求

诉　　求	排　　序
追究到底是谁的责任	
了解问题出现的前因后果	
尽快让问题得到解决，偏差得到纠正	
避免以后再出现类似的问题	

你选了哪个？

我的选择是："**尽快让问题得到解决，偏差得到纠正**"，这是领导的第一诉求。

假如第一诉求无法满足，这个问题已经发生，损失也已经造成，没办法补救了。那老板的第二诉求应该是"避免以后再出现类似的问题"，而"了解问题出现的前因后果"及"追究到底是谁的责任"都只是达成第一和第二诉求的手段而已。

按照这个思路，再来看一个例子。

上级要给公司高管做一次项目结项汇报，其中有几页 PPT 是小左写好以后发过去的，主要是一些图表和数据。离汇报开始还有半小时，上级发了一条微信给小左，说："这几页 PPT 为什么打开以后格式都乱了？图表中的数据标签也不能正常显示了？"后面还附了一个截图。

小左一看心里一惊，马上回复说："发给您之前我反复检查过好几遍，是没有问题的。怎么会这样呢？是不是您笔记本电脑设置的问题？"

小左的回应就是完全站在自己的角度，他担心上级责怪他做事情不认真，赶紧解释他已经反复检查过了，然后又尝试寻找原因：是不是上级的笔记本电脑的问题？可站在上级的角度考虑一下，再过半小时就要汇报了，但数据显示不正常，他的需求是什么？当然是尽快把这几页 PPT 调整好！这个时候，小左告诉上级"可能是笔记本电脑设置的问题"，但并不确切地知道是什么设置出了问题，对解决问题能有什么帮助呢？如果你是他的上级，你急不急？

所以，应该如何回应呢？再来看看小右的回复。

上级要给公司高管做一次项目结项汇报，其中有几页 PPT 是小右写好以后发过去的，主要是一些图表和数据。离汇报开始还有半小时，上级发了一条微信给小右，说："这几页 PPT 为什么打开以后格式都乱了？图表中的数据标签也不能正常显示了？"后面还附了一个截图。

小右马上回复说："应该是笔记本电脑设置的问题。这样吧，我现在赶快在我的笔记本电脑上修改一下，生成图片格式保存后再发给您，这样您打开就不会有问题了。您稍等，5 分钟后给您。"

5 分钟后，小右发出修改后的版本，又发了个微信给上级："修改后版本已经发给您了，请您查收。这次是我疏忽了，您用的是苹果笔记本电脑，和我们的设置不同，以后我把图表都生成图片格式再放在 PPT 里。"

看出小右的回复方式好在哪了吗？

第一时间先满足上级的核心诉求，让 PPT 能够正常显示：我现在赶快在我的笔记本电脑上修改一下，生成图片格式保存后再发给您，这样您打开就不会有问题了。

第二时间再分析原因，不推卸自己的责任，而是积极地寻求未来的解决方案：这次是我疏忽了，您用的是苹果笔记本电脑，和我们的设置不同，以后我把图表都生成图片格式再放在 PPT 里。

小结一下：被上级质询时，别急着解释或推卸责任，从上级的角度出发思考，先解决问题才是第一选择。

▎遇到困难时，一定要及时求助

你接到一个任务，信心满满、踌躇满志，跟老板拍了胸脯。做到一半时，却发现并没有预期中那么简单，好多突发事件搞得你灰头土脸，事情几乎停滞了。怎么办？

去跟老板说吗？好担心老板会不会对自己有看法。

当时接任务时满口应承，结果却搞不定，老板会不会觉得你自我认知不够清晰，过高估计了自己的能力？

老板会不会觉得你的问题解决能力不行？

老板会不会把这个任务交给别人？这可是你辛辛苦苦花了好多心血的项目。

算了，还是自己想办法吧。

刚刚的各种心理活动依然都还是站在下属的角度来思考问题，假如站在上级的角度，他会怎样想？

上级期待的是目标按计划完成，风险可控。而在此过程中，下属的能力与任务不匹配，对于上级而言，是最大的风险之一。每个上级在下达任务时，一定会从他的角度评估下属的胜任度，他会尽量把任务交给可以胜任的下属。然而，上级不可能精准地预估每个任务的复杂度，这就需要下属在出现风险和困难时及时告知上级，传递求助的信号。上级会在下属求助的基础上做出判断，是给资源支持，还是给技术指导，或者调整策略，甚至自己出面帮下属清除障碍。总之，万万不可让风险因为你的隐瞒而变大，变得更加不可控。

那如何求助呢？以下还是来看看小左和小右的方式。

中秋节快到了，小左接到了上级交代的任务，采购 100 份月饼礼盒，并加印公司 Logo，作为给合作伙伴的礼物。小左去年就负责这项工作，觉得应该没问题。他顺利地走完了打样、签合同、预付款等流程，就等着收货了。结果，离收货日还有 5 天，小左突然接到供应商的电话，说生产厂商那边下大暴雨，库房进水了，所有的礼盒都被淋湿了，看来不能按时交货了，但他们愿意按合同赔偿。

小左慌了，这马上就要到给合作伙伴送中秋礼物的日子了，这可怎么办？他赶紧给自己的直接上级打电话："张经理，有个坏消息，供应商说库房进水，礼盒都被淋湿了，月饼肯定送不到了，这可怎么办啊……"

小左给自己的上级出了个难题，还是个问答题。再来看看小右。

前面的故事和小左都一样，不一样的是，当小右接到供应商电话后，他迅速打开笔记本电脑，找出去年礼品招标时的两家本地供货商，打电话过去问是否有月饼礼盒，以及是否可以加印 Logo，工期有多长。

心里有数以后，小右去找自己的上级，跟他汇报说："张经理，刚刚月饼供应商打来电话说他们的库房进水了，月饼没办法按时发货了。我刚刚查了一下去年的资料，有两家供应商可以提供足够数量的货品，他们可以用丝印的方式加印咱们的 Logo，这样跟原来的设计稿比会效果差一点，但工期还来得及。如果您觉得可以，我就叫他们下午赶快把样品送过来，您看成吗？"

张经理叹了口气，说："真是计划赶不上变化啊，竟然还能碰上这种事，行，你先让他们送样品吧，我也再想想还有没有其他渠道。"

小右的求助方式有什么不一样吗？他也是出了一道题，不过是一道判断题。如果你有足够的资源，还可以给上级选择题。

假如你真的没有能力和资源给上级备选方案，那么至少，不要两手一摊，跟上级说："这事我搞不定了，你看怎么办吧。"而是明确清晰地跟上级提出具体的请求，也就是你希望他如何来帮助你，例如，你可以说：

"您能帮我和那个部门的领导打个招呼吗？"

"您可以把之前的一些供应商资源介绍给我吗？"

"这个事情上我没有解决思路，想听听您的想法。"

小结一下：遇到自己搞不定的、判断不了的事情时，一定要及时求助或请示。求助要有方法，要么把自己的建议告诉上级，让他给出指引和方向；要么清晰明确地提出自己的诉求与期待。

沟通汇报时从对方角度出发提供信息

当面沟通汇报时，尽可能简明扼要，先把对方最关心的信息（如结论、关键数据等）提供给对方，再围绕对方感兴趣的点展开细讲。老板们都很忙，每天处理的信息比你多很多倍，你必须帮他做筛选。

当你通过微信沟通工作时，尽量发文字消息，不要发语音。两个原因，第一，你并不知道你的老板是在什么情况下打开微信的，很多场合并不适合听语音，但大多数场合都可以看文字消息。第二，听 60 秒的语音，要花60 秒，但看同样的文字信息只要 15~20 秒。学会帮助别人（尤其是老板）节省时间，是职场人的优秀品质。

当你想要占有别人多一点的时间来沟通方案时，提前约他的时间，告诉他沟通的目的和预计时长，因为他要面对很多人，如果总是被不同人的没有计划、没有预约的沟通打乱时间表，他的工作效率会受影响。有些老板会拒绝临时找他沟通事情的请求，会告诉你，如果不是特别急的事情，可安排在某时间段处理。当你遇到这种情况时，别觉得他架子大，这位老板只是在有效地管理自己的时间，而不是被下属追着跑。

与老板相处的特别提示

做一个懂上级的下属，你还需要了解以下内容。

部门的工作无法顺利推进时，别急着归咎于你的上级，觉得是他无能。站在他的角度思考，其实有很多你无法理解也超出了他控制范围的影响因素，如高层的意见分歧、公司战略方向的调整、其他相关部门的人员变化等。在大多数情况下，你的领导不会比你蠢，他们能够在一个组织中脱颖而出，成为团队的领导，一定有他的过人之处。如果你一直觉得你的上级能力不够、决策不力，但他还能稳定地待在那个岗位，那么，你也得想想，真的是你的见识与能力超过了你的上级吗？还是你自己其实没有跳出思维的局限？

如果你觉得和上级之间的互动或相处遇到了问题，别急着抱怨自己遇到了一个"坏"上级。上级不是怪物，他们和你一样，都是具有正常思考方式和正常情绪反应的人，当你觉得他暴躁、难沟通、不近人情时，也许是因为你还站在自己的角度思考，从自己的感受出发。我并不排除，职场上的确有不够好的上级，但如果你觉得自己一直碰到的都是不好的上级，你就要想想，真的是你运气不够好吗？还是你自己也有问题？

在职场里，觉得与上级难相处时，反而也许是你突破自己的舒适区、寻求自我改变的机会。试着多站在上级的角度去思考，你一定会有不同的收获。

管理学大师彼得·德鲁克说过：**你并不需要喜欢你的上级，了解他就行**。观察和了解上级偏爱的工作方式，自己主动做出调整来适应他的沟通风格，学会为你和上级之间的人际关系负责，而不是被动地忍受或抱怨。这是每个职场人成长中重要的一步。

↗ B 版本的故事

林迪刚刚加入一家公司的市场部，担任市场活动策划专员。在此之前，他已经在这个领域工作了 3 年，参与策划过近 10 个大型市场活动，也积累了不少经验。

入职刚一周，林迪的直接上级王凯交代给他一个任务，请他负责公司近期一个系列市场活动中的网络营销部分的策划。

王凯给了林迪一些之前的活动资料做参考，同时大致讲解了这次活动主要的目标人群及传播点，还告诉林迪："你有初步想法了，可以先找我碰一下，没问题了再往下做更细的策划。"

接到任务后，林迪先花了半天的时间认真研读王凯提供的资料，提取出有用的信息做了摘要。然后又根据自己的理解，把王凯讲解的活动目标、覆盖人群、传播点梳理成了文字，并在此基础上构思了一个大的方向。

完成上述工作后，林迪约了王凯半小时的时间，一起把目前准备好的内容先碰一下，看大方向有没有问题。王凯看过之后，认为林迪的大方向是可以的，但存在一些问题,于是帮他做了分析,也给了一些建议。

王凯说完,林迪回应说:"嗯,听您这么说完,我思路更清晰了,之前总觉得这几个地方想不通,原来是思考方向有问题。我马上就改一下。"

王凯拍拍他的肩膀,说:"适应新环境和咱们公司的做事风格,的确需要一点时间,咱们也多沟通,有任何问题不用闷着头自己琢磨,随时找我。"

林迪使劲点点头,说:"好的,谢谢领导,那我去做下一步落地方案了,有问题再咨询您!"

✎ **练习 14:被上级质询时应该如何做**

（1）回忆你上一次被上级就某个错误或偏差质询时,你是怎么说的?你的第一反应属于以下哪种情况?在你所选选项前的"□"中打"√"。

□ 解释:说明偏差出现的前因后果。

□ 证明自己没有责任:辩解说自己已经付出的努力,强调客观原因。

□ 承认错误:承认自己的确有疏忽。

□ 提出改进:马上拿出纠偏的方案,或者向上级表示自己马上开始尝试行动以纠正偏差。

□其他。

（2）你可以尝试站在老板的角度去思考一下,你上次的反应有可以改进的地方吗?准备如何改进?

第5部分 做更自如更自在的你

职场中的人际关系打造

在职场的社交中，人们希望自己可以是"自如"和"自在"的。

"自如"，是指张弛有度，不客套不生硬，用真诚帮助自己去赢得别人的信任和支持，让人际关系成为职场的助力。

"自在"，是指不勉强自己去讨好和迎合所有人，不勉强自己频繁出席并不喜欢的社交场合，在这种"自在"的状态下，发挥自己的个人优势去征战职场社交。

17 【突破个性】
用内向者的气场征战职场社交

↗ A 版本的故事

陈轩今年 23 岁，研究生三年级，正面临就业的抉择。

陈轩属于那种传说中的"面霸"。他就读于名校，思维敏捷、语言表达清晰简练，外表看起来文质彬彬，很容易让别人对他产生亲切感和信任感。良好的综合素质让他在毕业季的面试中收获了好几个 Offer，从民企到外企、从时下最火爆的互联网行业到传统行业，都有不同的公司对他抛来了橄榄枝。

其中有一份 Offer 让陈轩分外纠结。这是一份来自一家知名世界 500 强的 Offer，岗位是营销管培生。这家公司的校招以高标准选才而著称，淘汰率非常高。所以，这是一个非常让人羡慕的机会。

陈轩想接受这份 Offer 的理由有很多，具体如下。

这家公司是陈轩分外向往的一家企业，它的企业文化、雇主品牌都是陈轩所欣赏和认同的。

听师兄师姐们介绍，这家公司对应届生有非常完整、严谨的培养体系，能够帮助一个大学生在踏入社会的前两年养成良好的职业素养，为未来的职业生涯打下坚实的基础。

营销管培生是一个很锻炼人的岗位，他会有机会在公司内部的不同部门轮岗，迅速了解一个大公司的运营机制。表现优秀的同学，还可以派到欧洲总部去轮岗半年。即使未来不做营销，这段培养期也会帮助他形成更开阔的思路和国际化视野，帮助他选择一个适合自己发展的职业范畴。

但是，陈轩也有自己的纠结。

陈轩一直觉得自己是个内向的人。他并不喜欢社交，也不喜欢成为人群中的焦点。但是，他认为面试官们会更喜欢外向的、擅长表达、热情开朗的求职者，而他又比较善于在短时间内调动起自己的能力，假装自己是个健谈的、热情的人。于是，他在群面时竞选成为本组的小组长，又凭借自己良好的逻辑控制住了整组的讨论节奏，最终达成了集体共识。是的，他可以做到，但又觉得这不是最真实的自己。如果可以，他更想坐在角落，安静地听别人讨论，自己一言不发。

现在 Offer 的岗位是营销管培生，陈轩想，这应该是一个非常需要花大量时间和人打交道的岗位。管培生，以后要做管理者，也需要跟很多人打交道。陈轩觉得这份岗位对情商的要求很高，而自己属于智商还不错，但不太善于人际交往的人，情商只能说一般。他不确定，在这样的工作中，是不是能找到成就感和快乐。

陈轩思量再三，最终还是拒绝了这份 Offer。好多人都觉得不解，这么好的机会，为什么要放弃，太可惜了。

↗ 故事的背后

你对陈轩的选择怎么看？

此处不讨论他的选择是否合理，即使选择了其他公司，他也可以有很好的发展。本章节讨论的是陈轩做出选择之前的推理和决策过程。

性格的内向和外向，与情商高低有关系吗？

内向就意味着一定不擅长社交吗？

当然不是。

那么，内向的伙伴们，在这个崇尚社交的社会与职场之中，应该如何发展自己的人际关系？

关于"外向"和"高情商"的大众谎言

在很多人对于情商这个概念的认知里，可能存在着一个误区，认为外向的人大多情商比较高。这个误解的来源，是因为外向的人通常能说、爱说，善于与陌生人迅速拉近心理距离，也善于交朋友，这些特征看起来似乎都是高情商的标志。

实际上，外向和内向是指一个人的性格倾向性，而情商则是一组与情绪相关的能力集合，两者之间并没有必然的联系。

1. 性格倾向性：内向和外向

"外向"和"内向"是在描述一个人的性格，而性格是指人们在先天因素和后天环境的共同作用下，形成的相对稳定的心理特征和行为倾向。

关于外向和内向，心理学泰斗荣格在《心理类型学》中提到了区分内向、外向的两个维度。

维度1，他们更容易被哪些信息吸引？

内向者往往容易被自己内心世界的想法和感受所吸引，而外向者则倾向于关注人们外部的生活及活动。

维度2，社交对于他们而言是获得能量的过程，还是消耗能量的过程？

外向的人在社交过程中可以获得能量，他们享受在人群中的感受，愿意与人交谈，乐于表达自己的感受，也因此显得更合群。

内向的人在社交过程中消耗能量，而独处才是他们的充电方式。

所以，内向的人更喜欢独处，不爱轻易透露自己内心的感受，也因此可能显得有些孤僻。请注意，此处用了"可能"，因为内向的人同样可以成为一个擅长社交的人，出于他们天生的优势，在社交中，他们更善于倾听，也可以用他们的方式获取他人的信任和喜爱。

2. 性格倾向性与情商

性格倾向性与情商的高低并没有必然的联系。所以，如果你留意观察，则可以在周围的人群中分别找到如图17.1所示的四类人。

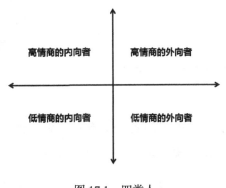

图 17.1　四类人

图 17.1 中的四类人分别有哪些特征呢？

高情商的外向者

高情商的外向者是社交高手，他们爱表达，但懂得适可而止；他们可以恰如其分地表达自己的感受，也善于理解别人的需求，并能够给予对方及时又恰当的反馈；他们能够不断开启新话题，却不局限于自己擅长或感兴趣的领域，而是能够找到对方的兴趣点，让对方同样有表达的欲望和机会。

低情商的外向者

低情商的外向者更容易以自我为中心，喜欢表达，却并不在意对方是否对这个话题感兴趣；他们也爱探听和询问，却可能掌握不好分寸，问到一些对方不愿意透露的隐私话题，然而他们却意识不到自己已经越过了社交边界。

他们的情绪丰富，也乐于表达自己的感受，却不在意听众是不是愿意听。他们兴奋的时候很多，但情绪稳定性可能不够好，所以你会观察到他们很容易就从兴奋开心的状态跌落到失落伤心的情绪谷底，他们的情绪如同坐过山车一样，常常在开心与失落两种极端情绪中波动。

高情商的内向者

人际交往并不见得是高情商的内向者最喜欢和最享受的事情，但他们同样可以有良好的人际能力。高情商使他们有良好的自我激励能力，并因此带来很强的目标感，他们知道自己要什么，也能够在形势需要的时候让自己突破舒适区，展现自己的表达与沟通能力。与高情商的外向者相比，他们倾向于逃避无效的社交，把有限的精力用在高质量的社交上。

低情商的内向者

社交是一件让低情商的内向者觉得难受的事，他们会让人觉得高冷，或者羞怯，在社交场合惜字如金，或者偶尔冒出几句不合时宜的语言。但是，也不要轻易否定他们的潜力，他们的确不善于做和人相关的事情，却非常有可能因为自己在智商领域的优势，成为某个特定专业技术领域的专家或高手。

看完以上描述，你是不是已经默默地在为自己定位了，你是在哪个象限呢？陈轩应该是落在"高情商的内向者"这个象限的，只是他自己本人并不自知，甚至低估了自己的情商。

当然，上述的描述只是一个粗浅而笼统的分类。情商是一组能力，可以分为几个不同方面，而每个人在不同能力特质上的表现各有高低，这些特质再加上内外向，更会形成不同的组合。所以，这个世界上才会有复杂而迥异的个体。

其实在职场中，大多数人并不见得一定有那么鲜明的归属，因为无论是情商的高低还是性格的倾向性，都是一个连续的变量，而不是 0 或 1 两极分化的变量。荣格也说，这个世界上没有绝对的内向者，也不存在绝对的外向者。如果真的有那么一个人，那他必然是个疯子。

所以，关注自己落在哪个象限，并不是讨论问题的关键。通过图 17.1，你可以思考自己能够从哪个角度寻求改变。

3. 提升情商还是改变性格

苏珊·凯恩在《内向性格的竞争力》一书中提道："我们生活在一个外向理想型的价值系统中，几乎每个人都坚信最理想的自我状态是善于交际的、健谈的，即使在聚光灯下也谈笑自如。[13]"

是的，由于外向者通常更合群、更开放、更热情，人们倾向于认为外向者更容易受到主流社会的认可。所以，总有些内向的人苦恼于如何把自己的性格变得外向一些。如果你是一个内向者，而又希望自己能够在社交场所变得更游刃有余，你也许会尝试伪装成一个外向者，强迫自己做出变化，但你又觉得难以享受这种做法。这个过程之所以让人们觉得痛苦，是因为你觉得你没有在做自己。其实，性格更多是天生的，难以改变，而图17.1 却提示人们，当一个内向者希望提升自己的社交能力时，更有效的解决途径并不是改变性格，而是寻求在纵坐标上的移动，你依然可以保持自己内向的特质，但试着提升和修炼情商。

用内向者的气场征战职场社交

1. 发挥自己的天生优势

作为内向者，当你看着聚光灯下的外向者们自如地表达感受与想法时，你必须知道，"更活跃"和"更受欢迎""更受喜爱"并不能画等号。内向者在人际关系的构建中有自己不可替代的优势，你需要关注自己身上的闪光点，并把它们发挥出来。

内向者在社交中的天生优势包括以下两点。

善于倾听

在一个人人都追逐表达自我的年代，善于倾听是一种特别宝贵的特质。和一个会倾听的人聊天，是一种非常减压的过程，你会感觉"被听到""被理解""被认同"。人们愿意花 1 小时几百元的代价去找心理咨询师聊天，并不是因为心理咨询师们可以直接给出建议或解决方案，而是他们能够用倾听加一些提问，让来访者充分表达，特别是愿意把在别的环境中无法表达的内容表达出来。

内向者往往是天生的倾听者。因为他们不爱太多地表达自己的感受和

---

[13] 苏珊·凯恩. 内向性格的竞争力[M]. 高洁，译. 北京：中信出版社，2016.

想法，所以在社交中会把更多的时间留给倾听。对于一个高情商的外向者而言，他需要常常做的事情，就是提醒自己克制多说的欲望，而内向者几乎不需要额外的努力，就可以自然而然地做到这一点，这也是让别人愿意和他们聊天的一大法宝。

所以，当你处在社交场上时，不用强迫自己刻意参与自己并不擅长的话题，也无须强迫自己必须给一个出彩的回应，就用你最自然的姿态，安静地倾听与观察，也许有人觉得你木讷与无趣，但更多的人会觉得你是值得信赖的倾诉对象。

不轻易露锋芒

当你结识一个陌生人时，有可能出现以下 3 种情况。

第 1 种，你对他的第一印象超级赞。如他怎么懂得这么多！他真的是个好有趣的人。然而，一段时间接触下来，你可能有点失望，原来他并不像一开始自己包装得那么好，之前说能帮你的忙后来也并没有完全做到。

第 2 种，你对他并没有太多特别的印象，觉得他很一般。之后，随着接触的增多，你对他的印象也一直在加分，你发现他有非常多的闪光点，只不过他比较低调，并没有在一开始就做过多的展现。

第 3 种，就是多交往之后的印象基本维持和初始印象一致。

在社交中，别人对内向者往往是第 2 种情况。虽然内向者也希望在第一时间让别人看到自己的好，但先收敛锋芒和光彩，再一点点释放的过程，也是让别人更欣赏、更信任内向者的方式，低调、靠谱、不张扬，不过度承诺，这是在浮躁社会中非常优秀的特质，在以建立长期关系为导向的社交中，也一定会有真正懂得内向者的人去欣赏。

特别要澄清的是，这里提到的以上两点，并不见得每个内向者都具备，只是说基于内向者的天性与特点，他们更有可能具备这些特质。

2. 发展自己的"自由特质"

"自由特质"同样是由苏珊·凯恩在《内向性格的竞争力》一书中介绍

的概念。作者在这本书中讲授了一个内向者布莱恩·利特尔教授的故事。从 1979 年开始，利特尔每年都会受邀到圣让皇家军事学院做演讲，他的演讲非常成功，院方每年也都会邀请他共进午餐。作为一个内向者，他知道，当众演讲已经消耗了他太多的能量，而那个必须要闲聊的午饭一定会要了他的命。所以，他每年都托词自己对船舶设计非常有兴趣，他希望午餐时间可以去距离学校不远的黎塞留河畔欣赏往来的船只。这当然是一个不能被拒绝的理由，于是，他常常在河畔独自踱步以度过整个中午，假装沉浸在自己的兴趣之中。直到有一天，这所学校搬到了内陆，失去了以"兴趣"这个借口做掩饰的利特尔，唯一的办法就是在午餐时段躲进卫生间里。

那么，像利特尔这么内向的人，是如何做到在公众演讲中自如大方地侃侃而谈的呢？利特尔教授自己给出了答案。他认为先天的因素和后天的教育、文化和社会环境赋予了人们某些性格特征，如内向，但人们可以在"个人核心项目"中超越自己的性格特征，展现出另一面。也就是说，人们可以为了那些自己热爱的、看重的人、任务或工作，表现出自己相对外向的一面。利特尔把这个理论命名为自由特质理论。

如何找到个人核心项目？如何发展和发挥自己的自由特质？

以下是一个关于"内向的人如何开展社交"的真实故事。这篇文章的作者是知乎大 V、某知名互联网公司副总裁王洪浩，转载已经获得本人授权。

我是一个内向的人，我来跟大家聊聊社交如何改变你的人生。

重要的人生体会先说：用你的好奇心努力去连线你生活圈之外的有趣的人。如果你害羞跟熟人说话，那就试试跟陌生人说话吧，反正他也不知道你内向。

2001 年是我还在清华大学汽车系读本科的最后一年。

我成绩一般，又特内向。正如微信的张小龙所说的，一个内向的人会更加擅长利用互联网交流。当时我对未知世界充满着好奇。我在大学业余时间做了这些事——给全世界的汽车设计师发邮件，告诉他们中国车不怎么好看，他们是不是愿意来中国；我可以给他们在中国做宣传。我用谷歌找到了很多设计室的联系方式。没有想到真的好多设计师回信了。至今我跟他们中的一些人成为好朋友。例如，奥迪前首席设计师 Erwin Himmel，如以前负责迈巴赫原型车项目的 Stefano Ardgana。

后来这些设计师真的来了北京。我也真的给他们找了好多记者做宣传。大家知道我是怎么做的吗？在谷歌上查中央电视台的电话号码，从总机打起，告诉他们有欧洲大牛设计师来中国，推荐他们来采访。

我当时有电话恐惧症，我把我所有想说的话和可能被问到的问题都写在一张纸上——结结巴巴、手忙脚乱地跟电话那边的陌生人对话。

中央电视台的人问我是哪个领导安排的，我说没有领导。你们不采访很可惜啊，很少有欧洲设计师来中国的……最后中央电视台《对话》节目主持人杨锐对这份采访申请感兴趣。我和那些老外设计师居然进入了迷宫一样的央视内部，好酷的体验。这期《对话》节目是在 2003 年年底录的，春节前播出。

除了中央电视台，我还凭谷歌上查的电话号码，带着设计师们去了中央国际广播电台，那是直播节目。设计师们说想认识认识国内的汽车企业。我就在网上查一汽、二汽、奇瑞等好多公司的总机。一层一层往下打，一汽那边最后是当时的副总安铁成接了我的电话，安排了汽研中心接待。然后呢，我就开始认识像常冰这样的国内汽车设计师（至今我们还是很好的朋友）。在二汽，接待我们的是二汽的副总黄松。

因为我认识设计师多，知道的故事多，我业余时间就有资本给当时的很多杂志写文章，如《汽车之友》《名车志》《汽车族》《座驾》《车王》《汽车导报》……我作为自由职业者特别高产。于是就有出版社——电子工业出版社发现了我。他们交给我很多书来翻译，如 David Kiley 的《体验宝马》、Chester Dawson 的《雷克萨斯：追求完美近乎苛求》、David Magee 的《感悟福特》、Leslie Butterfield 的《激情不灭：梅赛德斯奔驰》。

翻译宝马的书时，我邀请了一位朋友何明科一起。何明科当时在波士顿咨询公司工作。邀请他的原因很简单，波士顿咨询公司可以报销员工加班时的晚餐费。我还是穷屌丝的时候，总去北京国贸波士顿咨询公司蹭晚饭。何明科是一个狠角色。他半夜在公司给美国打长途电话，直接拨给宝马美国的设计中心，求跟那个设计室的负责人 Adrian Hooydonk（他是现任宝马设计副总裁）直接对话。我自己呢，也跟 David Kiley、Chester Dawson 成为朋友。认识这些人对自己帮助蛮大，因为他们在汽车企业国际公关圈很有影响力。

翻译 David Kiley 的《体验宝马》帮我赢得了宝马的面试。我差点进了宝马的公关部。但翻译 Leslie Butterfield 的《激情不灭：梅赛德斯奔驰》帮我赢得了奥美广告的面试。这是一本探讨奔驰百年品牌营销策略的书。后来我去了奥美帮助品牌做策略。

我在奥美工作期间，宝马的公关总监马静华找到我，她想看看是什么人翻译的这本书。她还让 PR team（公关团队）给我找了一辆宝马 325 开一段时间。当我开着宝马 325 去跟中国移动客户开会时，大家瞬间接纳了我这个蹩脚的客户经理。大家速速结束了会议，下楼玩车去。我今天跟奥美这票广告圈和营销圈的朋友关系依然很好。

当年我的搭档何明科后来介绍了好多波士顿咨询公司的朋友给我认识，确保他出国去斯坦福读 MBA 后，我依然可以找到人蹭晚饭——真的，我当年在国贸三个贵州人没少蹭吃。再后来，又认识了好多好多斯坦福毕业的同学。再再后来，这些毕业于斯坦福大学中的一位——贝塔斯曼公司的龙宇前辈推荐我去了易车公司。

来易车公司之后，10 多年前认识的那波设计师朋友又开始发挥作用了。他们教我如何包场纽博格林北环赛道、介绍欧洲年度车评委 Michael Specht 给易车打工，介绍日本年度车评委中谷明彦给易车打工，将日本 *Motor Fan* 杂志版权引进到中国……

此时此刻，编辑以上文字时，我正在日本茨城县。中谷明彦帮助易车网包场了日本驻波赛道，我们邀请了接近 10 家汽车媒体与我们一起做 Civic Type R、Honda S660、Mazda MX-5 等 8 款车的评测。日本拥有 50 年历史的 *Top Car*

杂志的工作人员特别好奇，怎么这么一帮中国人跑来日本包场赛道。他们要求对我进行专访——这将是我第一次接受国外大媒体的正式采访。

有朋友说我社交能力怎么这么强。其实真实生活中，我不是那么喜欢说话的人，尤其在熟人圈。一方面是害羞，另一方面是找不到有趣的话题。那么为什么上面的故事会发生？在我看来，社交不是为了认识谁，不是为了保持关系，而是认识之后大家一起发生"化学反应"。不要以为二氧化碳不能点燃，你拿二氧化碳去点一下 Mg（镁）试试……那画面太美，我不敢看。

以上是我过去 15 年的一些小故事。每个人都可能为你打开一扇窗，为你带来新的可能性。

再一次重复开始的话：**用你的好奇心努力连线你生活圈之外的有趣的人。如果你害羞跟熟人说话，那就试试跟陌生人说话，反正他也不知道你内向。**

这真的是一个超精彩的故事，对不对？也许你会感慨说，这位大 V 毕业于清华，英文又好，本身起点就很高，他的成功无法复制。但我想说，你的确不可能复制他的成功，也不需要复制他的成功，但你一定可以从他的社交策略中获得以下几点启发。

找到个人核心项目

根据利特尔教授的理论，个人核心项目是指那些"人们认为有意义，可以进行管理、没有太大压力，还会得到别人支持的事"，也就是那些你真正热爱的、擅长的、愿意为之付出努力的领域。

在刚刚的那篇故事中可以发现，故事的主人公描述的所有社交几乎全是围绕着"车"这个领域来的，这是他学习的专业，也是他真正热爱的领域。他在这个领域有钻研也有积累，而社交让他积累的学识与经验有了更好的发挥余地。

如何找到自己的个人核心项目？你可以回忆一下，自己儿时最感兴趣的事情是什么？哪种类型的工作能让你全身心地投入？当你观察周围人的工作状态时，谁的工作内容和状态是你最向往的？从这些问题中寻找答案。

明确社交的意义，减少无效社交

社交的意义是什么？带来人际关系，擦出火花，创造机会。

那么，什么样的社交才能带来这样的机会？

当你强迫自己参加一个不想参加的饭局时，你在席间听别人高谈阔论，和同桌的十几个人混了个脸熟，变成了下次饭局上的点头之交。这种社交对你有价值吗？

当你在一个行业论坛上，拿着手机加了几十个人的微信，或者换了一堆名片时，你看着这些名片或微信头像，却压根想不起来他们到底长什么模样。这种社交对你有价值吗？

作为一个内向者，你并不享受"社交"本身，那就不要强迫自己为了社交而社交。每次去开展社交之前，一定要明确这次社交的价值和意义是什么，才能避免被大量无效或低效的社交消耗掉你的心力和时间。

当你纠结于要不要去参加一个饭局时，你会这样判断，这场饭局上有你特别想认识但没有其他机会结交的人吗？认识他以后你会在一段时间内联络他洽谈工作事务吗？如果并没有，而且自己也并不享受这顿饭，那就干脆不去。毕竟，外向的人在社交中充电，而内向的人在社交中耗电。电量有限，要省着用。

同样，刚刚故事里的主人公，给欧洲的设计师写信、拿着纸磕磕巴巴地给中央电视台打电话，他在做这些事情时，心里非常明确这些社交动作的意义和价值。还记得他在文中的那句话吗？"社交不是为了认识谁，不是为了保持关系，而是认识之后大家一起发生"化学反应"。不要以为二氧化碳不能点燃，你拿二氧化碳去点一下 Mg（镁）试试……那画面太美，我不敢看。"

是的，你和少数人建立的真实的、地道的、能够产生"化学反应"的人际关系，远比手中攥着 N 把名片和微信朋友圈里有上千个联系人有价值。

给自己充电的机会

最后送给内向者们的提示是，在每一次消耗能量的社交之后，给自己预留充电的机会，利特尔教授把这个称为"充电壁龛"。

充电壁龛，可以理解为一段独处的时间，或者一个独处的空间。在这段时间或空间里，你可以为自己充电。

回到陈轩的故事，我并不是说他的选择不对，而是说他做出选择的推论过程显得有点简单粗暴：

"这份工作需要社交。"

"我不喜欢社交。"

"所以这份工作不适合我。"

事实上，分工协作已经成为现代社会的主流，几乎大多数的岗位都需要依赖他人共同来达成工作目标，完全不需要社交的岗位几乎不存在，只是社交的程度不同而已。而当人们去选择一份工作时，不要仅单纯地考虑这份工作是否需要社交，而是进一步考虑这份工作是否为你提供了"充电壁龛"。也就是说，在这份工作中，你是否有一定的时间可以花在内向者更享受和更擅长的事情上，如独自处理调研数据、独自写一篇科研报告、独自完成一段程序的开发。假如有，那么你会有足够的充电机会，也能发挥个人的优势，那就别轻易拒绝这份工作。

下一次，别再把内向作为自己不善社交的障碍，也别用性格内向作为拒绝一些机会的借口。在认知和了解自己个性的基础上突破自己的个性，用内向者的气场征战职场社交！

↗ B 版本的故事

这个故事没有 B 版本。

因为陈轩最后的选择是接受还是拒绝这份 Offer，并不重要。重要的是，希望他能学会利用自己的优势，在职场中获得良好的人际关系。无论是做营销，还是在其他岗位，这都是一件值得人们努力的事情。

练习 15：自我定位与规划

（1）探索与了解自己的性格倾向。

也许你还不是非常确认自己到底属于外向还是内向？没关系，因为这世界上的确有很多人并不是典型的外向或内向者。如果你想更准确地了解自己，可以关注我的微信公众号"让我们愉快地聊个天儿"，回复"内向"获得一份测评指引。

（2）假如你是个内向者。

想一想如何打造自己的职场人际关系？请思考以下问题。

你的优势是什么？你希望如何利用这些优势？

你的个人核心项目是什么？

你需要减少无效社交吗？如果需要，你准备减少哪些社交活动？

（3）无论你是内向者还是外向者，都请思考以下问题。

今年你想实现的工作目标是什么？

今年你需要完成的主要任务是什么？

在每一项任务中，与谁的合作是必不可少的？谁的支持和配合是绝对必需的？

你将如何与他建立人际关系？

18 【把握分寸】
说得太多和说得太少

↗ A 版本的故事

吴天天，女，24 岁，大学毕业一个月，正式成为一名职场新人。

天天从小到大都是开心果一枚，她性格外向，活泼开朗，心直口快，她也一直觉得自己最擅长的事情就是在短时间内和别人变得很热络，也就是大家常说的"见面熟"。现在要征战职场了！吴天天对自己也充满了信心，融入新集体？没问题，我肯定很快就能搞定！

上班第一天，天天就快速地记住了团队里每个人的名字、长相和特点，还找到了一个可以一起同路下班的小伙伴。这个小伙伴名叫小末，比天天大两岁，也早两年进公司，她和天天住得很近，所以每天下班可以一起坐 40 分钟的地铁。

小末性格沉静，乐于助人，平时天天在工作中碰到什么不明白的问题，找小末问，她都会很耐心地帮天天解答。天天好喜欢这个小姐姐，每天在回家的途中，也会拉着小末各种聊天。

"隔壁公司有个哥哥好帅啊，正是我喜欢的类型！可惜我已经有男朋友了，不然肯定去追他！"

"哎，昨天又和男朋友吵架了，他太可气了，我跟你讲讲，你来给我评评理……"

"老板交给我的工作任务好难啊，你说，他是不是故意要考验我？"

"公司给应届生的工资开得有点低啊，我一个月到手才 5 000 元，交完房租剩下的钱只能紧紧巴巴地用，小末，你工作第 1 个月工资是多少钱啊？跟我们一样吗？"

……

大多数时候，小末都是微笑着听，或者给一点回应："是吗？""这样啊！""嗯嗯。"就是这一点回应，又能让喘了一口气的天天继续巴拉巴拉说上几分钟。

一星期之后，小末跟天天说，自己晚上报了一个英语培训班，每天下了课要先去上课，不能跟她一起走了。天天有点失落。

然而，某天下班时，天天在下班的地铁上发现了远处小末的身影，她一个人戴着耳机坐在座位上，手里还拿着 kindle 认真地看。那一瞬间，天天觉得好伤心，什么学英语，都是借口，就是不想和我一起下班了！我这么喜欢她，还和她讲好多心里话，没想到竟然会这样……

↗ 故事的背后

天天的问题出在哪儿？

性格外向、活泼开朗的她，为什么变成了别人想要躲着走的人呢？以下将介绍职场人际交往中的"自我披露"的尺度问题。

自我披露的概念和层次

1. 什么是自我披露

"自我披露"是心理学上的概念，用通俗的话说，就是在人际沟通中自愿把关于个人的隐私信息或思想、态度展示给他人的行为。

例如，天天聊到自己和男朋友的关系、对老板的看法、月薪和开销等，都属于自我披露的范畴。

自我披露的程度高低与友情或爱情的亲密程度有着直接的关联，通常情况下，人们会对最亲密的人进行较深程度的自我披露。而对不算太熟的人，人们更愿意聊聊"今天天气很不错"之类的安全话题。如果有人在一段亲密度还不够的人际关系中，突然爆出关于自己的猛料，对方反而会觉得被吓到。

反过来说，适度的自我披露可以促进人际关系的亲密度与信任感，并促使对方进行自我披露。相信你一定有过这样的体会，当你和自己的闺密或哥们儿分享过内心中不为人知的想法后，你们之间信任程度与依赖程度也加深了。

那么，问题来了，如果大家都停留在聊天气的层面上，谁来做先披露的那个人？披露的多少算合适？怎么知道抛出的话题会不会吓到对方？

在讨论这些问题前，先来介绍一下自我披露的几个层次。

2. 自我披露的层次

自我披露的层次可以大致分为 4 个水平，逐渐由浅到深。

第 1 层次：个人的兴趣与喜好

例如，聊一聊自己爱听的歌曲类型、正在追的连续剧、喜欢的小说、周末时偏爱的放松方式等。这些常常是职场社交的饭桌上大家最爱交换的信息。

第 2 层次：态度，即对人或对事带有明显倾向性的、涉及是非判断的评价

例如，你非常不喜欢某位同事；你非常不认同政府出台的某个政策；你认为公司的制度存在不合理之处；老板的某项措施你认为不太公平……

显然，当话题上升到这个层次时，就不再是职场通行的大众话题。只有面对具有一定信任度和亲密度的同事时，人们才更愿意表达自己的真实态度或想法。

第 3 层次：自我概念及人际关系

自我概念主要指人们如何看待自己，如说你在某个方面很自卑、你对自己某方面的能力非常有信心、你自己最引以为傲的事情是什么等。

人际关系方面，如你和家人的关系如何、你和配偶之间的关系或互动方面的困惑等。例如，天天和小末分享了自己与男朋友的关系，就属于这个层次。

第 4 层次：隐私话题

例如，个人的感情经历（初恋的时间、初吻的时间），个人的性取向，早年遭受过的创伤，内心阴暗的想法等。

这个层次的话题在职场上应该很慎重地提及，除非你对后果有绝对的把握。

当然，有些团队在聚餐时会请大家玩"真心话大冒险"的游戏，在现场气氛和酒精的助力之下，团队成员会在不同程度上爆出自己不为人知的秘密，假如参与者是自愿的，那这个自我披露的过程也可以成为促进团队成员之间亲密感的一个有效方式。

▌自我披露的操作指南

1. 如果大家都停留在聊天气的层面上，谁来做先披露的那个人

假如你并不期望你与对方的人际关系亲密度可以再往前推一步，那么，接着聊天气好了，只要现场气氛不尴尬，这并没有什么不好。

但假如，你是那个想要拉进双方心理距离的人，你就需要尝试着先开口。

先开口并不表示要先发问，而是要先从披露自我信息开始。

可以想象一下，你刚刚加入一个新团队，吃饭的时候和一个新同事恰好坐在一起，你想和他聊点什么。于是，你们之间发生了这样的对话。

你："你来公司有多久了？"

他："一年多了。"

你："哦，你家住的离公司近吗？"

他："还行吧，地铁过来 1 小时左右。"

你："哦，那还行，在北京这就算近了。你最近在忙什么项目啊？"

他："也没什么，就是一些常规工作。"

然后，双方陷入沉默……

是不是感觉哪里话锋不对？

这就是人们常常说到的"尬聊"。回想一下，你之前有没有过被"尬聊"的经历？当一段聊天中对方对你不断抛出问题时，你即使表面上在礼貌作答，但内心已经在翻白眼了，几个回合之后，如果对方的问题还在继续，

你就只能沉默而尴尬地微笑了。其实，和"互惠"原理一样，自我披露同样遵循着"相互性原则"。也就是说，如果你想了解对方多一点，不妨先从聊自己开始。

所以，换个策略，这样来试试。

你：我觉得咱们公司交通还挺方便啊，我本来以为从家过来得1小时，还特意早出门了，结果40分钟就到了。

他：哦，那是挺方便的。

你：对啊，你住的离公司远吗？

他：还行，差不多1小时也能到。

你：嗯，这个距离在北京就算近了。对了，我会负责×××模块的工作，以后还得跟你多请教啊。

他：别，请教可谈不上，互相探讨吧。

你：那你具体负责哪个模块？

他：我负责×××模块，最近在做一个全国性的项目。

你：哦，我原来也做过一个类似的项目，不过只是负责其中一小部分。当时还是觉得很挑战的，所以超佩服项目负责人。

他：哦？你也做过啊，那回头找机会给我介绍一下你们的做法吧，我也想看看有没有什么可以借鉴的。

......

看到区别了吗？虽然话题还是"家离公司的距离"，以及"工作职责的分工"，但当从聊自己开始，再向对方提出探询性的问题时，就会显得自然很多。场面当然也就少一点尴尬气息。

这个从自己先分享开始的、循序渐进的过程，就是拉进双方心理距离的过程。这其中的关键词是"循序渐进"，所以再来讨论下一个问题。

2. 披露多少算合适？你怎么知道你抛出的话题会不会吓到对方

《生活大爆炸》第十季中有这样一个情节，谢尔顿有一次惹恼了女朋友埃米，是因为他把自己与埃米之间交往的私密细节讲给了办公室的保洁人员听。在人际关系方面分外迟钝的谢尔顿开始并没有意识到有些关于个人的私密信息并不适合讲给泛泛之交听。当他从女朋友的怒气中领悟到这一点之后，他为自己画了一个同心圆，每个不同半径的同心圆中标注出不同亲密度的朋友或同事，并写出相应的可以分享私密信息的尺度。

对于自我披露尺度的问题，高情商人士们通常有自己敏锐的触角，可以判断如何将话题再向前推一步，假如你觉得对此还没有足够把握，不妨向谢尔顿学习，为自己画一个与图 18.1 一样的同心圆，然后由外到里标注出自我披露的 4 个层次，然后再看看在你的职场伙伴中，同事们分别可以被划进哪个半径的同心圆。

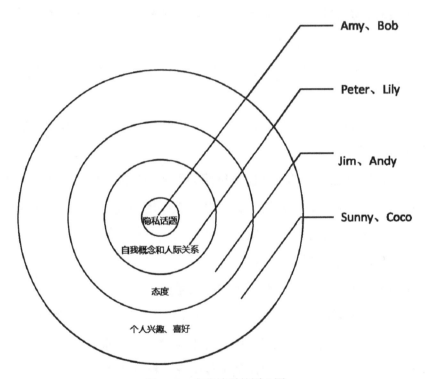

图 18.1　自我披露的同心圆

具体到操作层面来看，有以下几个技巧分享给你 。

披露的层次一定是由浅入深的

先从最浅的喜好开始，建立一定的信任度之后才向第 2 个层次进展。

特别是当你对谈话对象还不够了解时，假如你抛出的鲜明态度正好与对方相悖，有可能让对方隐藏起自己真实的观点，也有可能引发一次不必要的辩论。

保持敏感，随时捕捉对方表现出的兴趣程度

当你提供的信息让对方有积极的反馈，而且对方愿意投桃报李，与你分享他的个人信息时，你可以选择将分享更深入一个层次了。假如你浅层次的自我披露并没有引发对方的积极回应，或者对方只是礼貌性地敷衍，那么，你可以先暂停。

事实上并不是所有人都喜欢进行自我披露，所以，当你遇到了这样的沟通对象时，你披露的个人信息反而会给对方带来压力与不安全感，他们的内心潜台词可能是这样的：

"对方跟我说了这么多，我是不是也应该回馈点什么。可是，我并不想说太多自己的事，怎么办？"

"我们真的熟到这个程度了吗？为什么要跟我说这些？我对这些并没有兴趣，我不想知道。"

于是，你再进一步的自我披露反而会引发他们的退缩。天天和小末的故事恰恰印证了这一点。这时，你就需要敏感地捕捉到对方"无意深谈"的信号，再回到那些浅层次的安全话题上。

识别不同的组织文化与风格

职场中不同的企业也会有很大的风格差异。

假如在一家老国企，一群工作十几年以上的老同事，对于彼此家里几口人、孩子多大、养了猫还是狗都已经非常熟悉，大家聊天的过程中自我披露程度比较高，一个相对封闭的人就会显得格格不入。

假如在一家投行，职场白骨精们工作时是好搭档，就事论事，下了班各无瓜葛，谁也不知道对方在生活中的兴趣、爱好、情感经历，那在这样的群体中，一个天天跟同事谈论自己家长里短的人就会显得分外不合时宜。

加入一个新组织或新团队时，记得观察一下周围人的风格。本书鼓励职场中的每个人保持自己的个性，但也倡导大家在交往尺度的拿捏上与周围的人保持一致，这样才能更好地融入。

外向者与内向者的陷阱——自我披露的过度或不足

在上一个小节专门讨论了内向与外向者的特点，一方面是希望澄清内外向与情商高低并没有必然的联系；另一方面也希望能够分别给到内向者和外向者不同的建议。

1. 假如你是个外向者

现在，已经可以为天天定个位了。很显然，她是一位外向的、情商有待提升的姑娘。她非常需要提升对他人情绪的觉察与理解，而她最大的问题在于误判了她与沟通对象之间的亲密度，并进行了过度的自我披露。

当天天热情洋溢地和小末分享自己的感受，甚至是一些生活中的一些私密时，小末可能的感受是什么？

假如她恰好和天天一样，是一个外向的，甚至有点八卦的人，她也许会听得津津有味，还会投桃报李地分享自己的秘密与感受。

然而，小末看起来是一个有点内向和慢热的姑娘，她并不习惯对刚刚认识的同事分享自己的私密信息，也并不愿意听天天讲这些。在她看来，和男朋友吵架、暗恋隔壁的帅哥、每个月工资多少钱，这些事太私密了，即使你愿意告诉她，她听到了也会觉得有负担。

天天的行为被做了戏剧化的夸张，对于大多数外向者而言，你的问题并没有天天那么凸显，但也可以试着反思一下，自己有没有出现过类似的情况。在后面的练习部分会为你提供一些反思的角度。

2. 假如你是个内向者

和外向者相比，内向者更容易出现的问题是自我披露的不足。

可能是因为羞涩，可能是不知道如何表达，内向者更倾向于在人群中保持沉默，不轻易谈起自己的喜好、态度，更难以谈起自己私密的感受或感情经历。对于这样的同学而言，与他人拉近心理距离会是一个较大的挑战。假如你的工作对人际交往要求不高，更多侧重于专业技术领域，那么，这个特质并不会影响你的工作绩效或产出，你可以选择待在你的舒适区里。假如你的工作对你的人际交往有一定的要求，你希望自己获得他人的接纳，你需要拉进和其他同事的心理距离，那么，请你尝试在适当的时候走出舒适区，多说一些，多分享一些。

↗ B 版本的故事

吴天天，女，24 岁，大学毕业一个月，正式成为一名职场新人。

天天性格外向，活泼开朗，心直口快，她也一直觉得自己最擅长的事情就是在短时间内和别人变得很热络，也就是大家常说的"见面熟"。

上班第一天，天天就快速地记住了团队里每个人的名字、长相和特点，还找到了一个可以一起同路下班的小伙伴。这个小伙伴名叫小末，比天天大两岁，也早两年进公司，她和天天住得很近，所以每天下班可以一起坐 40 分钟的地铁。

小末性格沉静，不怎么爱说话，但是很爱笑，一笑就有两个小酒窝。天天好喜欢这个小姐姐，第一次一起回家的途中，天天就开始跟小末分享自己第一天上班的各种感受。

"隔壁公司有个哥哥好帅啊，正是我喜欢的类型！可惜我已经有男朋友了，不然肯定去追他！"

"我们的总监看起来好酷，是不是不太好相处啊。"

……

说了一会儿，天天发现整个聊天的过程都是自己在说，小末只是微笑地听着，或者给一点回应："是吗？""这样啊！""嗯嗯。"

天天有点不好意思，她说："小末，不好意思，我是不是说太多了？"

小末笑了笑，没说"是"也没说"不是"。气氛有一点点尴尬，天天也明白过来了。

她说："小末，我这个人是有点话痨，又觉得跟你特别投缘，一不小心就停不下来了。那你平时下班路上，如果一个人的话，会干什么呢？"

小末说："一般会听歌，然后用 kindle 看小说，一般一星期正好能看完一本。"

听到小说，天天又兴奋了："我也喜欢看小说，最近特别喜欢东野圭吾的推理小说，你喜欢看哪个类型的？"

"我喜欢看科幻的，如阿西莫夫的、刘慈欣的。"

"那以后我们下班路上还是按你的习惯一起看小说吧，我明天也带着 kindle。回头把你觉得好看的都推荐给我。"

于是，天天开始学着用小末喜欢的方式与她相处，在下班路上既相互做伴，塞上耳机，每个人又都有自己的独处空间。两个同路的小伙伴也变成了相互荐书的书友，在办公室里，小末也成为天天的小师傅，天天有什么不明白的，都会找小末请教，小末会非常耐心地为她解答。天天顺利地完成了从校园人到职场人的华丽转身。

 练习 16：自我评估与改进

请静下来回顾一下你过去一个月的人际沟通。

（1）有没有出现过度的"自我披露"？

● 在一次聚会或其他社交场合高谈阔论，分享自己的想法、经历、感受，说得眉飞色舞，然后发现其他人都只是出于社交礼貌做出听的样子，而并没有积极地回应。

● 在某个微信群中分享自拍或关于个人的信息，频率远远高于群里其他成员。

● 在职场中与同事分享了非常私密的话题，而对方没有积极回应。

● 其他可能的情况。

假如出现了上述的某种情况，你打算如何改进？

（2）你有没有出现过尬聊的情况？

假如有，原因是什么呢？你打算如何改进？

19 【学会拒绝】
你不可能让所有人都喜欢你

↱ A版本的故事

两年前，李楠从大学毕业加入KX公司人力资源部，成为一名薪酬绩效专员。KX公司是家快速发展的创业公司，人力资源部有7个人，分为招聘培训、薪酬绩效、员工关系3个小组，每个小组都是两个人，还有一个经理。李楠在薪酬绩效组，因为是新人，所以他的工作都是由另一位资深的女同事薪酬主管芳芳来指导和安排。

李楠综合素质不错，又踏实肯干，芳芳和人力资源部的经理都对他很欣赏。随着公司的发展，逐渐出现了对培训工作的井喷式需求。于是，人力资源部单独设置了培训组，安排李楠转岗做培训专员，直接对人力资源经理汇报。芳芳那边会再招一个新同事来支持她的工作。

一上岗，经理就给他安排了不少工作，李楠自己也干劲十足。可是，在新岗位上工作了还不到一个月，李楠已经感受到了新的问题和压力。

原来，接替李楠岗位的新同事一直没有招到，虽然部门经理已经明确地表示，李楠直接汇报给他，原来薪酬绩效组的工作全部交接给芳芳，但是习惯了有李楠协助的芳芳，似乎并没有意识到李楠已经开始新的工作角色这个事实，她还是经常请李楠帮忙承担一些薪酬绩效组的工作。

于是，在办公室里，我们常常可以听到这样的声音：

"李楠，可以帮我汇总一下上个季度的调薪信息表吗？就用你上次那个格式就行。谢了！"

"李楠，这几份资料帮我复印10份，然后装订一下吧，急用，辛苦你喽。"

"李楠，你还记得咱们上次出过一起出过的那个销售部门的薪酬测算吧？能不能调整几个参数，再出一份看看？"

于是，李楠一次次地放下自己手头的工作去帮芳芳的忙，然后接下来再来忙自己的事。他也问自己，为什么不拒绝芳芳的要求？他的心路历程是这样的：

一开始，他压根就没想过拒绝。芳芳原来对自己很好，手把手地指导自己，现在不过是帮个忙，而且跟自己原来的工作有关联，为什么要拒绝呢？

渐渐地，他发现自己忙不过来了，也想拒绝，可又非常担心芳芳会因此对自己有意见。虽然现在是直接汇报给经理，但彼此工作中还有很多配合，如果关系不好，可能影响以后的合作。算了，忍忍，她的新搭档应该快到岗了，到时候就能抽身了。

再后来，他发现新同事到岗的时间好像杳无音信，他不想再忍了，数次想跟芳芳说自己太忙，真的没办法帮她的忙。可每次话到嘴边，又总说不出来，于是又接下一个自己并不想接受的额外任务……

哎，这加班的日子，什么时候是个头啊……

↗ 故事的背后

假如你是李楠，你会如何拒绝芳芳？

在拒绝时，你会不会有心理负担呢？

曾经有一句流传甚广的话，"让别人舒服的程度，决定了你的高度"，也有很多人觉得"情商高就是让周围的人都感到舒服"。然而，人际交往中不可能避免利益的博弈和冲突，一味追求让周围的人开心、满意、舒服，而牺牲了自己的感受和利益，这绝对不是高情商的表现。懂得在不伤害别人、不让别人难堪的基础上明确边界、维护个人利益、拒绝不合理的请求，才是真正的高情商。

如何才能跳出"取悦别人"的心理怪圈，学会拒绝，打造平衡的人际关系？

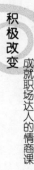
┃ 为什么不拒绝？不敢，不愿，还是不能

假如你也和李楠一样，不愿意或不敢拒绝别人的要求，并且希望通过这样的方式获得周围人的喜爱，那不妨先来分析一下，这种行为背后的原因究竟是什么。

1. 你试图扮演一个"社交高手"吗

中国有很多成语来描述一个"社交高手"的状态。

例如"八面玲珑"，形容一个人待人接物各方面都能巧妙应对，面面俱到。

再如"左右逢源"，形容一个人无论在哪个方向上都能获得资源或其他人的认可和支持。

以上这些成语本身并不是总用在褒义的语境中，但的确是很多人在社交中所向往达到或努力达到的状态。他们竭力让周围的人满意，让周围的人都喜欢自己，认为这样才是一个社交高手的表现。在这样的理念驱动之下，很多人的确成功地获得了同事或朋友的认可，也被冠以"人情练达""处事周到"等评价，但他们自己的内心到底是不是满足而平和的呢？未必。

丹尼尔·戈尔曼在《情商：为什么情商比智商更重要》一书中提道："如果个体无法平衡人际能力与了解自身需要和感受及其实现途径之间的关系，这些人际能力只会导致空洞的社会成功——以牺牲个体真实的满足感为代价，成为人人欢迎的交际花。"这句话显得有点拗口，我来用更通俗的话来描述一下这种状态。本来你抱着功利的目的去取悦别人，营造良好的人际关系，以求最终为自己带来收益，但在过程中，你却牺牲了自己的需求与感受，这种以损失自己的利益为代价换来的人际关系只是表面上的虚假繁荣，是一种失衡的关系，反而也有违你"功利"的初衷。正所谓，走得太远，却忘了你为什么而出发。

2. 你是"讨好型"人格吗

有些人习惯性地满足别人的要求，却并不是从"功利"的角度出发，他们并不一定期望要从这段人际关系中获益，他们只是单纯地难以开口拒绝别人。假如你也有类似这样的情况，那么，你有可能属于"讨好型人格"。

美国知名心理专家、金牌咨询师莱斯·卡特在她的书《不想再讨好这个世界》中描述了讨好型人格的 7 种特征。以下从中选取了 4 个更符合人们的生活及工作场景的特征来进行诠释和讲解，你可以对照一下，看自己是否符合。

觉得对周围所有人都充满责任感

在一段社交关系中，每个人对他人都是有责任的，但这个责任一定会有边界。例如，在生活中，人们有责任在朋友遇到困难时伸以援手，但并没有责任要全权负担他的吃穿住行；而在职场中，人们有责任为同事提供支持与帮助，但并没有责任帮助他完成他自己的任务。

回到李楠的故事，他一开始之所以没有拒绝芳芳的要求，就是因为他对于芳芳有种责任感，虽然事实上，芳芳的要求已经超出了他的责任范围。

更进一步的是，讨好型人格的人往往会感到自己要对他人的情绪负责，当他们发现自己的拒绝可能引发别人生气、沮丧、失望等情绪时，他们会认为这个情绪是由自己造成的。于是，他们会不由自主地觉得愧疚，然后主动背上对方的情绪包袱，认为自己一定要为扭转对方的情绪做点什么，不然就过不去自己心里那个关卡。

愿意牺牲自己的合理需求

正是由于过于强烈的责任感，讨好型人格的人大多数时候都愿意牺牲自己的合理需求来换得其他人的满意，所谓以"委曲求全"换得"皆大欢喜"。殊不知，这皆大欢喜之中包含了周围的所有人，却唯独没有自己。

对别人的评价很敏感

讨好型人格的伙伴往往期望周围的人都喜欢自己，所以他们对别人的评价分外敏感。这种心理也非常容易被理解，因为他们付出了很多，甚至牺牲了自己的利益和需求照顾周围的人，他们不求回报，只是希望大家满意，倘若这样的牺牲仍然让周围的人觉得他们不好，这对他们而言的确是件伤心的事。

不坦诚表达真正的自我

因为不想伤害别人的感受，所以不愿意坦诚表达对方的缺点或不足；因为不想让别人失望，所以宁可掩藏起自己的真实期望也要满足对方的要求。讨好型人格的伙伴仿佛把自己放在了一个圆润又柔软的套子里，对他人安全无害，但如果周围的人不去有意探测，也很难了解他们真实的内心或需要。

不拒绝会带来什么

无论你属于功利性的不拒绝，还是受到讨好型人格的影响，你都需要明白，不拒绝的背后，不仅是自己一时的退让和利益让渡，还会成为更长期的负担。

1. 个人无法消化的情绪负累

待人友善、有求必应，这些本来都是积极的特质，但当这些可贵特质泛滥时，反而会导致个人消极情绪的积累。

你可能陷入以下的情绪怪圈：

- 好累。可是既然已经答应别人了，还是说到做到吧。
- 这次真的不想再退让了，可是会不会打破我的好人人设？好吧，再忍一次。

你也有可能产生以下的愤懑：

- 为什么我能够退让，而别人就不能够这样对待我？
- 凭什么总是我在照顾别人的感受，而别人却不懂得照顾我的感受？

当然，你最终可能还是会默默地掩藏起这些情绪，继续扮演那个让别人喜欢的、有求必应的"好人"。

你通常如何处理自己的消极情绪？是压抑、否定，还是接纳之后再管理它们？毫无疑问，陷入"不拒绝"境地的人们，面对上面提到的一些消极情绪，他们最常用的模式就是"压抑"。

压抑的情绪会渐渐被消化然后消失吗？当然不会，总有一天，它们会用更丑陋的方式出现，要么伤害自己，要么伤害别人。

2. 并不一定就能得到别人的认可

台湾偶像剧《命中注定我爱你》一开场便为观众们呈现了一个职场便利贴女孩的形象，一位名叫陈欣怡的办公室女职员从小就很害怕别人不喜欢自己，所以她一直很努力地对周围每个人好。在办公室里，她帮人买早餐、订咖啡，帮同事复印文件，处理各种杂务。人们把这样的角色叫作"便利贴女孩"，因为"她的存在，就像便利贴一样，人人撕下来就用"。同事们并没有因为陈欣怡的好说话和不拒绝而更喜欢她或尊重她，反而觉得让她帮忙是件理所当然的事情。

偶像剧总有戏剧化的夸张，但也告诉人们一个冰冷的真相。当你把自己的"人设"营造成一个总是愿意帮忙的好人时，别人反而不会珍惜你的付出。他们会觉得，你帮助他，是因为你对所有人都好。而当你拒绝时，他们反而会心生怨气："为什么你人人都帮，就是不帮我？"

▎ 从今天起，学习勇敢拒绝

真正健康而平衡的人际关系，应该是建立在相互信任、尊重、包容、付出的基础之上的，单纯的一方付出并不能让你收获这样的人际关系。所以，学会拒绝，不管你是刻意在扮演"社交高手"，还是深受讨好型人格的困扰，都可以尝试从以下几个步骤开始，学习用"高情商"的方式拒绝别人。

1. 理解并牢记以下两句话，这是改变开始的基础

第 1 句：没有人能真正为别人的情绪负责，能让他们愤怒和难过的并不是你的拒绝，而是他们自己。

每个人都应该学习对自己的情绪负责。所以，请卸下你强加给自己的、原本属于别人的情绪包袱。你可以努力让自己变得真诚和善良，尽量照顾到周围人的情绪，但这并不表示照顾周围所有人的情绪是你必须承担的义务。

第 2 句：没有人能让周围的每个人都满意，也没有人能让所有的人都喜爱自己。

别人喜欢你，也许是因为和你投缘，也许是因为你能做到他们做不到的事，或者是因为你恰好是他们喜欢的样子……总之，你会发现，不管是性格随和还是强势，也不管是美还是丑，每个人都是有人爱的。那些爱你或喜欢你的人，是因为觉得你身上有独特而可贵的特质，是因为你值得被喜欢或被爱，并不仅仅是因为你为他们做了什么。

同样，那些不喜欢你的人，也不一定是因为你拒绝了他，或者你没有为他做什么。

你可以学习让自己变得更"可爱"，但实现这一点的路径并不是满足周围所有人的请求。同时，这世界上也的确没有人能让所有人都喜欢自己。别再单纯地为别人的不喜欢和不开心而勉强自己接受那些不想接受的任务或请求。

2. 理解自己的界限

当你不愿意拒绝别人时，你的内心也可能有这样的一个顾虑：我不想让别人觉得我是一个自私的人。但是，**合理的自我保护和维护自我利益并不等于自私。**

如果把人按照"愿意为他人奉献的程度"在一个坐标轴上（见图 19.1）进行定位时，会发现，有一些人是极度利他和无私的，如特蕾莎修女，这并不能代表普通人对自己的道德标准要求；也有一些人是极度自私的，参考你可以想到的影视作品中的各种大反派。然而，在自私和无私之间，还有一个长长的灰色地带，左一点，或者右一点，都在大众的道德标准可以接受的范围之类，你要做的，是了解自己可以为别人付出的界限在哪里，而不是轻易地给自己的拒绝扣上自私的标签。

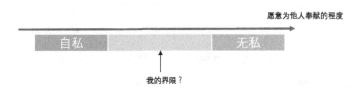

图 19.1 "愿为他人奉献程度"坐标轴

当你能够明确自己"利他"的界限时，假如别人的请求在你的界限之内，那就大大方方地帮忙；假如超出了你的界限，就想办法拒绝。出力帮忙时就享受那种助人带来的快乐，婉转拒绝时就坦然接受自己是在维护自己的合理利益。千万别勉强帮了别人的忙，自己还觉得拧巴和委屈。只有尊重自己的情绪和界限，才能享受平衡和平等的人际关系。

3. 学习"没有敌意的坚决"

拒绝不等于冰冷或敌意。

美国心理学大师科胡特有一句名言："没有敌意的坚决。"这句话被科胡特用来描述家庭养育中父母对儿女所应秉持的态度，它同样也精辟地传达了拒绝别人时的最好姿态。

"坚决"是让对方知道你真的没办法帮忙，而不是托词。不能让对方觉得似乎有希望或有回转余地。

"没有敌意"是指让对方不难堪、不尴尬，甚至能让对方感受到你对他的关心与情感支持。

以下用一个具体的情境来感受这个原则。

假设你是一名行政主管，负责公司会议室的调配，某一天，一位同事给你打电话，说希望预订第二天的多功能厅，你查询了预订记录，发现已经被其他部门预订出去了。这位同事跟你说："我们的会议特别重要，订不到这个会议室我就惨了，能不能拜托你帮忙协调一下啊？"你心里深知并没有其他解决方案，公司的预订制度就是先订先得，而且公司的多功能厅就只有一间，所以大家通常会提前很早就来预订。那么，你会如何回复呢？

回复一：这个我可协调不了，谁让你们不早点来订，公司的会议室预订制度你又不是不知道。（这个回复很坚决，但听起来冰冷，有一点敌意。）

回复二：啊，这个可不太好协调啊。（没敌意，但不坚决。）

回复三：真抱歉，公司的预订制度就是先订先得，另一个预订部门的会议也很重要，而且他们提前一周就预订了，所以真的没办法帮你协调了。你们要不要考虑在公司附近的酒店租一个会议室？我这边有他们销售的联系方式，你需要的话我可以给你。（这个回复很坚决，让对方意识到并没有协调的余地，但清晰解释了原因，不包含任何敌意，同时，还设身处地为对方想办法，提供了一个备选方案。）

所以，概括一下没有敌意的坚决，应该包含以下几个要素：

- 明确表达"不可以提供帮助"的态度；
- 提供合理的原因；
- 表达对于对方处境的理解；
- 如果有可能，可以给一些建议备选方案。

以下介绍在 B 版本的故事中，李楠是如何拒绝芳芳的。

↗ B 版本的故事

两年前，李楠从大学毕业加入 KX 公司人力资源部，成为一名薪酬绩效专员。他的工作都是由另一位资深的女同事芳芳来指导和安排的。

李楠综合素质不错，又踏实肯干，芳芳和人力资源部的经理都对他很欣赏。随着公司的发展，逐渐出现了对培训工作的井喷式需求。于是，人力资源部单独设置了培训组，安排李楠转岗做培训专员，直接对人力资源经理汇报。芳芳那边会再招一个专员来支持她的工作。

一上岗，经理就给他安排了不少工作，李楠自己也干劲十足。可是，习惯了有李楠协助的芳芳，似乎并没有意识到李楠已经有了新的工作角色，她还是会请李楠帮忙承担一些薪酬绩效组的工作。

前两次，李楠觉得是举手之劳，就都欣然应允。渐渐地，他意识到他和芳芳之间的互动是有问题的，如果他还继续这样不拒绝芳芳的请求，一定会影响自己的正常工作，陷入经常加班的境况。

于是，在芳芳又一次对李楠提出帮忙的要求时，他们之间发生了这样的对话。

芳芳说："李楠，你还记得咱们上次一起出过的那个销售部门的薪酬测算吧？能不能调整几个参数，再出一份看看？"

李楠把目光从笔记本电脑屏幕上转过来，看着芳芳说："芳芳姐，不好意思，我正要布置明天新员工培训的场地，而且经理刚给我布置了这个季度的重点项目，我手头事挺多的，实在抽不出时间再帮你忙了。那张表上次做工作交接时我已经存档在咱们部门的公共盘里了，就在薪酬测算那个文件夹里，你看看能不能找到？"

芳芳愣了一下，面色稍有不悦，但她很快也明白了李楠表达的意思，不只是这一次不能帮，而是以后很难帮她打下手了。

她说："好，我找找。"

李楠说："好嘞，那我先去布置会场了。"

从那以后，芳芳再没有找李楠帮忙处理过那些杂事，但两个人的关系并没有受到任何影响。

 练习 17：没有敌意的坚决

（1）回顾一下你上一次想要拒绝却并未拒绝别人的情境，在以下横线上填上选项。

- 你为什么没有拒绝？ _____

A．因为不想让对方失望。

B．因为想避免冲突。

C．因为觉得不是什么大事，自己可以让步。

D．其他原因。

● 没有拒绝给你带来情绪或其他方面的困扰了吗？ ＿＿＿＿＿＿

A．有。

B．没有。

● 假如有困扰，那假如再遇到同类事件，你会如何拒绝？

（2）回顾你上一次拒绝别人，你当时是怎么说的？

● 你认为你的说法是：＿＿＿＿＿＿

A．坚决，但冰冷或有敌意。

B．不坚决，没敌意。

C．不含敌意的坚决。

D．不知道。

● 如果再给你一次机会，你会如何改进？

参考文献

[1] 大卫·R.卡鲁索，彼得·萨洛维. 情商[M]. 张丽丽，译. 北京：高等教育出版社，2016.

[2] 阿尔伯特·埃利斯. 无条件接纳自己[M]. 刘清山，译. 北京：机械工业出版社，2017.

[3] 芭芭拉·弗雷德里克森. 积极情绪的力量[M]. 王珺，译. 北京：中国人民大学出版社，2010.

[4] 丹尼尔·戈尔曼. 情商：为什么情商比智商更重要[M]. 杨春晓，译. 北京：中信出版社，2010.

[5] 傅小兰. 情绪心理学[M]. 上海：华东师范大学出版社，2016.

[6] 加里·凯勒，杰伊·帕帕森. 最重要的事，只有一件[M]. 张宝文，译. 北京：中信出版社，2015.

[7] 马丁·塞利格曼. 活出最乐观的自己[M]. 洪兰，译. 沈阳：万卷出版公司，2010.

[8] 马丁·塞利格曼. 持续的幸福[M]. 赵昱鲲，译. 杭州：浙江人民出版社，2012.

[9] 马歇尔·卢森堡. 非暴力沟通[M]. 阮胤华，译. 北京：华夏出版社，2015.

[10] 帕特森，格雷尼，麦克斯菲尔德. 影响力2[M]. 彭静，译. 北京：中国人民大学出版社，2008.

[11] 罗伯特·西奥迪尼. 影响力[M]. 陈叙，译. 北京：中国人民大学出版社，2006.

[12] 罗纳德·B. 阿德勒，拉塞尔·F. 普罗科特. 沟通的艺术[M]. 黄素菲，译. 北京：世界图书出版公司，2010.

[13] 史蒂文·J. 斯坦. 情商优势：情商与成功（钻石版）[M]. 李仁根，译. 北京：电子工业出版社，2016.

[14] 苏珊·凯恩. 内向性格的竞争力[M]. 高洁，译. 北京：中信出版社，2016.

[15] 谢丽尔·桑德伯格. 向前一步[M]. 颜筝，译. 北京：中信出版社，2013.

反侵权盗版声明

电子工业出版社依法对本作品享有专有出版权。任何未经权利人书面许可，复制、销售或通过信息网络传播本作品的行为；歪曲、篡改、剽窃本作品的行为，均违反《中华人民共和国著作权法》，其行为人应承担相应的民事责任和行政责任，构成犯罪的，将被依法追究刑事责任。

为了维护市场秩序，保护权利人的合法权益，我社将依法查处和打击侵权盗版的单位和个人。欢迎社会各界人士积极举报侵权盗版行为，本社将奖励举报有功人员，并保证举报人的信息不被泄露。

举报电话：（010）88254396；（010）88258888

传　　真：（010）88254397

E-mail：　dbqq@phei.com.cn

通信地址：北京市万寿路 173 信箱

　　　　　电子工业出版社总编办公室

邮　　编：100036